科学出版社“十三五”普通高等教育本科规划教材
南开大学代数类课程整体规划系列教材

有限群表示论

朱富海　编著

科 学 出 版 社
北　京

内 容 简 介

本书是南开大学代数类课程整体规划系列教材的第四本，是在作者多年从事代数类系列课程的教学过程中逐渐完成的. 在国内外已有的同类教材的基础上，编者根据自己对代数学的理解，按照有限群表示论发展的主要脉络来安排本书的内容. 全书分为 8 章，包括预备知识、表示论的基本概念、特征标、McKay 对应、群代数、对称群与交错群的表示、诱导表示和一般数域上的表示等. 本书的编写原则是关注数学概念的起源，遵循数学理论的发展历程，强调理论的整体性和内在联系. 书中配有大量编者精心挑选的思考题，既有助于强化读者对课程内容的理解，也为后续的代数学课程埋下了伏笔.

本书可供数学各专业的本科教学使用，也可供数学爱好者自学或数学工作者参考.

图书在版编目(CIP)数据

有限群表示论/朱富海编著. —北京：科学出版社，2021.4

科学出版社“十三五”普通高等教育本科规划教材・南开大学代数类课程整体规划系列教材

ISBN 978-7-03-068622-0

Ⅰ.①有… Ⅱ.①朱… Ⅲ.① 有限群-群表示-高等学校-教材 Ⅳ.①O152.1

中国版本图书馆 CIP 数据核字（2021）第 068309 号

责任编辑：张中兴　梁　清　李香叶／责任校对：杨聪敏

责任印制：赵　博／封面设计：蓝正设计

科学出版社出版

北京东黄城根北街 16 号

邮政编码：100717

http://www.sciencep.com

中煤（北京）印务有限公司印刷

科学出版社发行　各地新华书店经销

*

2021 年 4 月第　一　版　开本：720×1000　1/16

2025 年 9 月第七次印刷　印张：9 3/4

字数：197 000

定价：49.00 元

(如有印装质量问题，我社负责调换)

前言

从大学进入数学领域算起，求学九载、教学科研一十八年，这些经历让我逐渐意识到一个常见的问题：在教与学的过程中，我们常常漠视了数学史中闪亮的时刻，忽视了数学家们在研究时思想的火花迸发的瞬间，而那些时刻却是值得关注的，那些思想的火花也是发人深省的. 在历史上，杰出的数学家们给我们留下了很多宝贵的财富，这些财富不仅包括他们为我们建立的理论体系，更应该包括他们在建立理论体系的过程中产生的富于启发的思想. 深刻地体验数学理论建立的过程，并了解数学家们解决问题的思路，不仅对于学生们数学能力的提高有事半功倍之效，而且对于教师来说也是不无裨益的. 因此我一直在做一种尝试，希望能改变一下传统的课堂教学方式，使得课堂的功能不仅是传授知识，更重要的是引导学生们去探索，吸引学生们更为主动地参与到课堂中来，体验数学史上激动人心的那些时刻，体会数学家们的思想火花.

每一个理论都伴随着一个鲜活的历史——提出、发展、解决、推广，其中的主角是风格各异的数学家，灵魂是深邃的数学思想，当然道路是曲折的，少不了会走一些弯路. 如果能引导学生重走这条路，让他们在探索中切身体会数学家们的解决问题的思路 (包括碰钉子)，这不仅有利于增强学生对所学理论的理解，更有利于培养学生分析问题、解决问题的能力. 当然，要做这样的尝试，至少需要有两个必要条件：一是课程本身的内容不宜太复杂，因为学生的参与必然会导致课程进度放慢，一些必要的讨论不可避免，也是澄清一些模糊概念的好时机，这些会占据不少时间，导致课程内容会有一定程度的缩水，但不能影响课程整体；二是学生不能太多，同时大部分学生是乐于探索并且积极参与讨论的，否则教师容易陷入"叫喊于生人中，而生人并无反应"的尴尬境地.

机缘巧合，有一天我看到 Halmos 写的文章 *What is teaching*[15]，心有戚戚焉. 他在文中提到曾用 Moore 教学法为 15 名优秀的本科生开设线性代数课程.

Moore 教学法是拓扑学家 R. L. Moore 于 1911 年在宾夕法尼亚大学的研究生拓扑课程中引入的. 主要想法是把课程内容分割成一系列的定义和命题, 要求读者在不参考文献的前提下独立完成证明, 并在课堂上讲解, 教师和学生们一起听课并参与讨论、点评. 1920 年以后, 该方法的影响慢慢地扩散到了很多大学.

2004 年, 我第一次讲授有限群表示论, 后来又多次开设该课程. 开始使用的是孟道骥和朱萍两位老师编写的教材[3], 并结合 Serre 的书[22]. 讲过一两次以后, 通过对比国内外同类教材, 如文献 [1, 4], 并且查阅了相关的数学史资料, 例如 C. Curtis 的杰作[8], 我对于课程体系有了深入的认识, 发现这一课程非常适合运用 Moore 教学法 (其实本科的所有数学课程几乎都可用这一方法). 有限群表示论本身短小精悍, 其核心是特征标理论, 又可以发展到结合代数、诱导表示、模表示论等内容, 可以根据教学时间适当取舍. 更重要的是, 学习这门课程所需的准备知识不多, 需要学生有良好的高等代数和抽象代数的理论基础, 而其中处理大部分问题的方法都是矩阵和线性变换理论. 这一课程的学习既可以强化学生的代数学基本功, 进一步加深对代数学基础理论的理解, 也可以让学生初步了解到数学研究的进程, 在这个过程中学会灵活运用高等代数、抽象代数的理论来解决问题. 于是第一个必要条件就满足了. 此外, 这是一门选修课, 选课学生不会太多. 通常第一节课上我都会告诫学生, 课程会有一定难度, 需要投入, 混学分不太容易, 想混高分就更不容易了; 当然, 也会告诉他们, 只要付出了, 收获一定不会小. 结果如我料想的: 学生们纷纷退课, 第二次课上一般只有十余人出现, 其中有个别是硬着头皮选课的 (急需这个学分毕业), 但也有超过三分之一的人是准备好接受挑战的. 于是第二个必要条件也算勉强满足了.

选定了课程, 接下来要处理的难点和关键是课程内容的选择和提炼, 要把整个体系的知识点有机地结合起来, 形成一个框架, 给读者提供一个可以把握的线索, 让他们明白做问题的目的和主要线索是什么; 还要将内容整理为联系紧密、难度适中的问题, 让读者经过努力思考能自主解决, 从而逐渐建立整个体系, 完成对所学理论的 "再发现". 对于任课教师来说, 这一部分是比较头疼的: 不仅需要一定的学术背景, 对专业知识的历史和现状理解透彻, 还要求能准确把握读者的能力状况, 给予正确的引导. 这个过程旷日持久, 时至今日, 对于有限群表示论, 我也只能管中窥豹, 略见一斑, 每每读起相关文献, 都会有令我眼前一亮的时候. 因此, 授课时的问题也是在逐年修改, 难说满意. 就像 Halmos 所说的, 为了准备课程, 他干了两个月艰苦工作, 才把问题整理好, 形成一个整体.

不过, 实践表明, 完全采用 Moore 教学法有相当的难度, 因此我在处理方式上也做了相应调整. 我的教学过程一般是这样的: 开学第一次课上, 我简单介绍一些群表示论的整体情况, 然后给学生们一张 A4 纸, 上面大约有 15 个问题, 是下一周课程的主要内容. 问题之间是有联系的, 所有问题合并起来就是一个小整体, 解决表示论中的一个局部问题. 学生们经过一周的准备, 下次上课的时候我随机点名让学生按顺序讲解问题. 理想的状态是一学期都随机点名, 然而很快就无法实现了, 只有那三分之一用功的人才能基本解决这些问题, 其他学生勉强对付几个比较简单的问题, 他们应该没有花时间做深入的准备. 课程虽然主要是学生讲, 但作为配角的教师绝不能闲着, 要在课上随时保持警惕, 注意指出学生们讲解过程中出现的问题. 其中有些问题是预料之中的, 或者说是预设的陷阱等着学生们跳进去了, 有些问题是意料之外的, 学生们由于基本功不牢常常会出现一些令人啼笑皆非的错误, 需要小心把它们找出来并提醒学生们. 几年实践过程中出现的最大的问题还是参与度不足. 每当有同学在上面讲的时候, 除了几个活跃分子, 其他人都保持沉默. 我原以为当同龄人在讲台上讲的时候, 不懂就问会更容易一点. 然而这是一厢情愿. 有学生后来跟我说, 课上不愿意问, 课下也很少会问, 除非主讲的同学和自己很熟. 这些人为设置的篱笆墙我无意费力去强拆, 所谓姜太公钓鱼, 愿者上钩, 想要怎么学毕竟是学生自己的事情, 大学老师似乎可以理所当然地不负这个责任——至少我是这么想的.

经过近十年的教学, 授课时使用的大纲——也就是那些问题集——构成了本书的主要框架. 实际上, 本书采用的也是问题引导的方式, 书中的定义、例子、引理、命题、定理及推论等可以单独提出来, 作为整个课程的框架. 读者可以采用自主探索的方法来阅读本书, 先忽略书中证明部分, 自行探索方法来解决框架中的所有问题. 循序渐进的话, 所有问题的难易程度的跨度都不是太大, 可以依次解决. 在有一定理解的基础上, 读者再去阅读书中的证明以及各个知识点之间的衔接部分, 这样就可以慢慢地在框架的引导下通过自主的努力来建立整个有限群表示论的理论体系, 从而体会到"再发现"的乐趣. 如果再能参考数学史, 了解有限群表示论的起源和发展过程, 细心体会在这一过程中数学家们的奇妙思想, 这样读者或许能提高独立思考和研究能力, 能站在更高的层面上看待问题.

当然, 对于读者而言, 这种方式是有相当的难度的. 首先要有一定的基本功作保障 (其实, 这样授课的目的之一也是在帮助学生加强基本功); 其次是要有较强的独立思考和逻辑能力, 能够自主解决课程提纲中的大部分问题; 最后是需要一定的表达能力, 能在全班同学面前把问题解释清楚, 这对读者的理解能力和表达能力是一个挑战, 也是一个极大的锻炼机会. 有经验的人应该都能体会到: 自己看懂是一回事, 给别人讲解是另一回事, 而要能把别人讲懂则又是完全不同的事情. 我们的学生普遍缺乏这样的体验.

2012 年, 我与黄劲松教授合作在南京大学数学系主办的暑期学校为全国各地的高年级本科生讲授《群表示论》, 本书的框架在那时已经搭建好了, 当时的结业考试试题实际上就是有限群表示论的整体思路. 2018 年之前完成了第 2 章至第 5 章的草稿, 南开大学数学科学学院 2015 级的徐襟、李先哲、谢梓龙等几名本科生阅读了这一部分并找出很多错误; 2019 年我离开南开大学后, 我的师弟陈智奇接手了有限群表示论这一课程, 继续使用这一部分草稿作为主要讲稿, 并提出了一些修改意见. 感谢他们. 科学出版社的责任编辑张中兴等为本书的出版做了大量工作, 尤其是文案编辑李香叶, 在校对文稿时字斟句酌, 发现了不少书中的疏忽之处, 在此一并表示感谢.

2019 年起, 我成了南京大学数学系的一员, 得以在环境优美的鼓楼校区继续撰写本书的余下章节并逐步完成全书的整合. 然而表示论是一个博大精深的领域, 其深刻的结论、简洁奇妙的方法是如此之多, 以至于给内容的取舍和安排带来了很多意想不到的困难. 随着思考的问题越多, 阅读的资料越广, 收尾工作变得异常的艰难——不管在哪里止笔都有意犹未尽之感, 只能根据个人的设想围绕主要目标进行取舍, 或许将来可以继续补充一些有趣的内容. 对于收入本书中的内容, 有一些地方的处理也难以令人满意, 书中的不足之处应有不少, 期待读者对于本书提出建议或意见. 联系方式: zhufuhai@nju.edu.cn.

朱富海

2020 年 8 月 31 日

于南京大学戊己庚楼

目录

引　言

有限群表示论起源于 1896 年 Dedekind 与 Frobenius 的通信. Dedekind 在计算群行列式时发现了一些有趣的现象, 然而他不能给出很好的解释, 于是求助于 Frobenius. 后者在不到一个月的时间里解决了 Dedekind 的问题, 并发展了系统的群表示理论.

群作为一个抽象的数学概念, 其威力在 Galois 解决高次方程是否可用根式解时已经得到充分的体现. 当时的数学家刚刚理解了 Galois 创造出来的一系列数学概念, 体会到在抽象层面上研究数学的乐趣. 因此, 对于 Frobenius 把抽象的群与具体的矩阵群或线性变换群联系起来的方法普遍不看好. 英国群论学家 Burnside 在出版于 1897 年的名著 *Theory of Groups of Finite Order* 中就持有这种观点. 然而, 仅仅几个月之后, Burnside 通过关注 Frobenius 的系列工作, 认识到了表示论的重要性, 转而积极投入表示论的研究中. 他与 Frobenius 的相互竞争极大地推动了表示论的发展. 到 *Theory of Groups of Finite Order* 于 1911 年发行第 2 版时, Burnside 已经彻底皈依了表示论.

在教学过程中发现了很多问题, 其中一个普遍问题是学生们的高等代数和抽象代数的基础知识掌握不够, 因为本课程需要以这两门课程 (尤其是高等代数) 中的大量内容作为工具. 学生们既要熟悉所学过的内容, 又要能灵活运用所学知识来解决新的问题, 这样的要求对绝大多数学生是一个挑战. 然而这是从学习别人的知识到进行科学研究的重要一步, 这个门槛始终是要迈过去的. 为了帮助学生们更好地进入本课程, 我们把一些必要但又容易忽略的高等代数和抽象代数知识点做了一点梳理, 形成了第 1 章的内容.

不知道为什么, 相关书籍几乎都不提 Dedekind 的工作以及他与 Frobenius 的交流. 至少对我而言, 这段历史是生动有趣的: 群行列式的问题竟然引出了群表示论这个庞大且深刻的数学分支, 这实在是太出人意料了. 有了 Frobenius 的工作基础, 我们再回头看, 会发现群行列式与群的矩阵实现 (群表示) 的联系是自然的, 群行列式的问题也就自然转化为表示的分解问题. 而我们所关心的有限群的常表示都是完全可约的, 于是不可约表示的判别和分类就成为主旋律, 其中缠结算子的作用就像线性空间的线性变换一样不可或缺. 这些并不复杂的理论构成了表示论的基石, 是第 2 章的主要内容.

第 3 章讨论特征标理论. Frobenius 最初的处理方法过于生涩, 让表示论更接地气的功劳属于 Frobenius 的学生 I. Schur, 他从一个非常简单的引理 (Schur 引理) 出发重建了整个理论, 使其变得清晰易懂. 值得指出的是, Schur 引理在表示论的很多分支中都会出现, 包括无穷维空间. 由此, 群表示论的核心内容——特征标理论就非常容易地建立起来了, 特征标的正交关系也就不难得到了.

第 4 章讲解正多面体的对称群的表示. 主要目的不是为了举几个例子, 而是为了介绍表示论为我们展示的多个数学对象, 如 SO(3) (或 SU(2)) 的有限子群、正多面体、和谐图和 ADE 型的 Dynkin 图等这些有点八竿子打不着的数学对象之间的深刻联系! 而 Dynkin 图又与 Lie 代数、箭图以及椭圆曲面中的奇异纤维有关系! 这不得不令人惊叹: 数学真奇妙.

群表示论以一种自然的方式与结合代数联系在一起, 这已经是表示论中的常规方法了, 例如在 Lie 代数表示论中也有对应的结合代数——泛包络代数. 因为结合代数相对简单, 其表示理论也相对容易处理, 因此群代数的出现并不令人意外. 在常表示情形, 群代数都是半单结合代数, 其不可约表示就是极小左理想, 而后者对应于本原幂等元. 由此, 有限群不可约表示的分类就转化为寻找群代数的本原幂等元. 利用结合代数得到的一个神奇的结果是特征标的整性, 这是与数论相结合的产物. 这些内容都在第 5 章中.

后面几章或多或少都与对称群有关. 第 6 章是前面的理论在对称群中的应用. 有限群的不可约复表示的个数与其共轭类的个数相等. 对一般群而言, 目前还没有两者之间的自然的一一对应. 然而对于对称群, 其共轭类可以用 Young 图来表示, 从 Young 图又自然可以得到一些特殊的子群, 从而构造出群代数的本原幂等元. 有了 S_n 的表示, 我们就可以利用限制表示相对容易地得到 A_n 的不可约表示的分类. 而 S_n 和 A_n 的表示之间的关系引出了诱导表示的概念, 这在更深入的表示论研究中起到关键作用, 这是第 7 章的内容. 此外, 在我们计算过的具体例子中大概能总结一个规律: S_n 的特征标表中都是整数, 而 A_n 却没有这样的特点. 由此引出表示在不同域上的实现, 我们尤其关注的是实表示和有理表示, 这是第 8 章的内容.

在本书内容的编排中, 我们主要以表示论的起源和发展的历史顺序为主要线索, 逐步建立表示论的框架体系, 并适当结合与之相关的理论, 如 McKay 对应引出的单李代数的 Dynkin 图的问题、群代数的余代数和 Hopf 代数问题、经典的 Schur-Weyl 对偶得到的 $\mathrm{GL}(m,\mathbb{C})$ 与 S_n 的表示的关系等. 不过, 对这些内容我们只能点到为止, 感兴趣的读者可以进一步探索.

第1章 预备知识

在学习高等代数和抽象代数的时候，我们会发现有不少难度不小的问题，它们的解法非常巧妙. 是谁在什么情况下思考了这些问题并给出了绝妙的解答？实际上，好多问题都有其背景，它们是数学家们在研究过程中遇到并逐渐解决的，并且随着数学研究的深入，新的工具和新的观点不断引入，我们得以从不同的角度看待那些问题，对它们的理解也会更加深刻. 不过对于初学者而言，这些难题以及一些知识点由于缺乏背景，往往都很容易忘掉，等到需要用的时候难免捉襟见肘. 为了方便读者，本章整理了一些有用的知识点和代数学的常用的思想方法，并适当做一些深入推广. 读者也可以跳过这一部分，等到需要的时候再来看看.

1.1 矩阵可对角化

刚开始学习高等代数的时候，可能会遇到这样的一道题：计算**循环矩阵**

$$A=\begin{pmatrix} a_0 & a_1 & a_2 & \cdots & a_{n-1} \\ a_{n-1} & a_0 & a_1 & \cdots & a_{n-2} \\ a_{n-2} & a_{n-1} & a_0 & \cdots & a_{n-3} \\ \vdots & \vdots & \vdots & & \vdots \\ a_1 & a_2 & a_3 & \cdots & a_0 \end{pmatrix}$$

的行列式. 解法很奇妙，定义如下的 Vandermonde 矩阵：

$$B=\begin{pmatrix} 1 & 1 & 1 & \cdots & 1 \\ 1 & \omega & \omega^2 & \cdots & \omega^{n-1} \\ 1 & \omega^2 & \omega^4 & \cdots & \omega^{2(n-1)} \\ \vdots & \vdots & \vdots & & \vdots \\ 1 & \omega^{n-1} & \omega^{2(n-1)} & \cdots & \omega^{(n-1)(n-1)} \end{pmatrix},$$

其中 $\omega = \mathrm{e}^{\frac{2\pi\sqrt{-1}}{n}}$. 直接计算发现 $AB = BD$, 而 D 是一个对角矩阵. 由于 $|B| \neq 0$, 从而有 $|A| = |D|$. 学到矩阵的相似才发现, 上述计算过程实际上就是把 A 相似为对角矩阵. 当然, 其中的关键步骤是把 A 写成一个矩阵的多项式 $A = f(J)$, 其中

$$f(x) = a_0 + a_1 x + \cdots + a_{n-1}x^{n-1},$$

$$J = \begin{pmatrix} 0 & 1 & 0 & \cdots & 0 \\ 0 & 0 & 1 & \cdots & 0 \\ 0 & 0 & 0 & \cdots & 0 \\ \vdots & \vdots & \vdots & & \vdots \\ 1 & 0 & 0 & \cdots & 0 \end{pmatrix},$$

这里, J 的特征多项式为 $|\lambda I_n - J| = \lambda^n - 1$, 故 J 有 n 个互不相同的特征值 $1, \omega, \cdots, \omega^{n-1}$, 上述方阵 B 的列向量就是相应的特征向量. 于是

$$B^{-1}JB = \mathrm{diag}\,(1, \omega, \cdots, \omega^{n-1}).$$

因此

$$B^{-1}AB = \mathrm{diag}\,(f(1), f(\omega), \cdots, f(\omega^{n-1})).$$

我们知道, 相似的矩阵是同一个线性变换在不同基下的矩阵. 如果一个线性变换在某组基下的矩阵是对角矩阵, 则称其**可对角化**. 这是非常重要的概念, 在代数学研究中起到非常重要的作用. 判断线性变换是否可对角化有很多等价条件.

定理 1.1.1 设 V 是 $\mathbb{F}$ 上的 n 维线性空间, $\mathscr{A} \in \mathrm{End}\, V$, $\lambda_1, \lambda_2, \cdots, \lambda_l$ 是 $\mathscr{A}$ 的所有不同的特征值, $V_{\lambda_i}(\mathscr{A})$ $(i = 1, 2, \cdots, l)$ 是相应的特征子空间, 则下列条件等价:

(1) $\mathscr{A}$ 可对角化;

(2) $\mathscr{A}$ 有 n 个线性无关的特征向量;

(3) $V = V_{\lambda_1}(\mathscr{A}) \oplus V_{\lambda_2}(\mathscr{A}) \oplus \cdots \oplus V_{\lambda_l}(\mathscr{A})$;

(4) $\sum\limits_{i=1}^{l} \dim V_{\lambda_i}(\mathscr{A}) = \dim V$;

(5) $\mathscr{A}$ 的最小多项式为不同的一次因式的乘积;

(6) $\mathscr{A}$ 的某个零化多项式为不同的一次因式的乘积.

利用零化多项式来研究线性变换是一个常用的方法. 例如上文提到的矩阵 J, 容易验证 $J^n = I_n$. 更一般地, 如果 n 阶方阵 A 满足 $A^m = I_n$, 则 $\lambda^m - 1$ 是 A 的零化多项式, 而 $\lambda^m - 1$ 在复数域上是不同的一次因式的乘积, 因此 A 在复数域

上可对角化.

可对角化的线性变换可以把所要研究的线性空间分解为特征子空间的直和, 这对研究代数结构非常有帮助. 不过, 只考虑一个变换往往是不够的, 在代数学后续课程中, 我们通常需要同时处理很多线性变换, 多个变换的共同作用会把空间分解得更细, 也更方便研究. 例如本课程中, 我们需要考虑由有限维复线性空间中的可逆线性变换构成的 n 阶群 G. 这些变换作为 G 的元素自然都是有限阶的, 而它们的阶都是 n 的因子, 从而 $\lambda^n - 1$ 是它们的公共的零化多项式. 因此, 这些变换都是可对角化的. 一个自然的问题是: 每一个变换都可对角化, 它们是否可**同时对角化**, 即存在一组基使得每一个变换在该组基下的矩阵都是对角矩阵? 由于对角矩阵都可交换, 可同时对角化的一个必要条件是变换彼此可交换. 实际上我们有

定理 1.1.2 设 V 为有限维复线性空间, $\mathscr{A}, \mathscr{B} \in \operatorname{End} V$, $\mathscr{A}\mathscr{B} = \mathscr{B}\mathscr{A}$, $\mathscr{A}, \mathscr{B}$ 都可对角化, 则 $\mathscr{A}, \mathscr{B}$ 可同时对角化. 进一步, 如果一族两两可交换的线性变换中的每一个都可以对角化, 则它们可同时对角化.

更一般地, 我们有

定理 1.1.3 设 V 为有限维复线性空间, 如果 V 中一族线性变换两两可交换, 则它们可以同时上三角化.

证明中需要的主要结论是

命题 1.1.4 设 V 为有限维复线性空间, $\mathscr{A}, \mathscr{B} \in \operatorname{End} V$ 可交换, 则 $\mathscr{A}$ 的特征子空间是 $\mathscr{B}$ 的不变子空间.

上述这些结论在代数学的很多分支的研究中会经常被使用.

1.2 同态与群作用

在所有的数学领域内, 映射和变换是永恒的话题, 只是不同的数学环境关注的映射和变换的性质不同. 在代数学中, 我们通常会把具有共性的代数对象综合考虑, 提炼出它们的共性, 从而抽象出新的数学概念, 比如线性空间、群、环和域等, 它们都是不同的研究范畴. 当同一个范畴内, 映射既是联系不同数学对象的纽带, 也是研究这些数学对象的结构的有效手段.

不同的代数对象有不同的结构, 这些结构就是运算, 包括加法、数乘、乘法等, 我们所考虑的映射自然要保持研究对象的所有运算, 如线性空间的线性映射 (亦称为线性同态)、群同态、环与域同态、模同态以及结合代数、Lie 代数中的代数同态等. 正因为这些同态保持了运算, 它们的核和像也具有相应的运算. 特别地, 其中的同态核是线性空间的子空间、群的正规子群、环和结合代数等的理想, 这样就可以定义商集合, 使其与同态像有自然的同构关系, 从而得到各种代数环境

中的**同态基本定理**.

定理 1.2.1 (1) 设 V, V' 是数域 $\mathbb{F}$ 上的线性空间, $f: V \to V'$ 是线性映射, 则 $\operatorname{Ker} f$ 为 V 的子空间, 且商空间 $V/\operatorname{Ker} f$ 与 $\operatorname{Im} f$ 线性同构;

(2) 设 G, G' 是群, $f: G \to G'$ 是群同态, 则 $\operatorname{Ker} f$ 是 G 的正规子群, 且商群 $G/\operatorname{Ker} f$ 与 $\operatorname{Im} f$ 同构;

(3) 设 R, R' 是环, $f: R \to R'$ 是环同态, 则 $\operatorname{Ker} f$ 是 R 的理想, 且商环 $R/\operatorname{Ker} f$ 与 $\operatorname{Im} f$ 同构;

(4) 设 M, M' 是环 R 的模, $f: M \to M'$ 是模同态, 则 $\operatorname{Ker} f$ 是 M 的子模, 且商模 $M/\operatorname{Ker} f$ 与 $\operatorname{Im} f$ 同构;

(5) 设 $\mathcal{A}, \mathcal{A}'$ 是域 $\mathbb{F}$ 上的代数 (如结合代数、Lie 代数等), $f: \mathcal{A} \to \mathcal{A}'$ 是代数同态, 则 $\operatorname{Ker} f$ 是 $\mathcal{A}$ 的理想, 且商代数 $\mathcal{A}/\operatorname{Ker} f$ 与 $\operatorname{Im} f$ 同构.

读者可以把上述定理推广到一般的代数结构中, 得到类似的同态基本定理. 本书主要关心群的问题, 而在群论中, 一类特殊的群同态极为重要, 这就是群作用.

考虑一个非空集合 X, 其对称群记为 S_X, 群作用就是群 G 到 S_X 的一个群同态. 其等价形式为一个映射 $f: G \times X \to X$, 满足

$$f(1, x) = x, \quad f(s, f(t, x)) = f(st, x),$$

这里, 1 为 G 的幺元, $s, t \in G$, $x \in X$. 这个等价定义更直观一些, 因为其具有几何的特征.

群作用在很多的数学领域中会出现. 在矩阵论中, 矩阵的相抵、相似与合同可以看作一般线性群的不同作用. 在解析几何中, 三维空间的二次曲面的分类实际上就是在等距变换全作用下的轨道分类. 在几何上, 单位球面 $S^{n-1} = \{X \in \mathbb{R}^n \,|\, |X| = 1\}$ 上自然有一个 $\mathrm{SO}(n)$ 的可递作用, 从而等同于 $\mathrm{SO}(n)/\mathrm{SO}(n-1)$; 更一般地, 很多几何空间由于有群的可递作用都可以自然地与群的左陪集空间等同起来.

类似于线性变换的不变子空间, 考虑群 G 在 X 上的作用自然要关注在 G 的作用下不变的 X 的子集. 特别地, X 中的任何元素 x 都唯一确定一个最小的 G-不变子集 $\mathcal{O}_x$, 这就是所谓的轨道. 设 $H = \{g \in G | gx = x\}$ 为 x 的迷向子群, G 在 $\mathcal{O}$ 上的作用等价于其在左陪集空间 G/H 上的作用. 左陪集空间 G/H 也可以视为 H 在 G 上的右乘作用下的轨道空间, 而右乘作用是自由的, 容易得到每一个左陪集的元素个数都是 $|H|$, 从而得到 $|H|$ 是 $|G|$ 的因子, 这就是 **Lagrange 定理**. 如果考虑 G 在其自身上的左乘或右乘作用, 又自然得到 Cayley 定理, 即 G 同构于 G 的对称群 S_G 的子群.

群在自身上还有一个重要的作用就是共轭作用, 群在共轭作用下的轨道就是共轭类, 这是本书经常用到的概念. 一般线性群 $\mathrm{GL}(n,\mathbb{C})$ 在自身或 n 阶复方阵的全体 $\mathbb{C}^{n\times n}$ 上的共轭作用就是相似, 求 Jordan 标准形就是求出每个共轭类中的一个简单的代表元. 如果将 Jordan 标准形中的 Jordan 块按阶数从大到小排列, 设其阶数为 $\lambda_1 \geqslant \lambda_2 \geqslant \cdots \geqslant \lambda_k > 0$, 则 $\lambda_1 + \lambda_2 + \cdots + \lambda_k = n$, 我们称 $\lambda = (\lambda_1, \lambda_2, \cdots, \lambda_k)$ 为 n 的一个**划分**. 因此, n 阶幂零矩阵在相似下的等价类与 n 的划分一一对应. 无独有偶, 注意到对称群 S_n 的每个元素都可以写成不相交轮换的乘积, 并且不计次序的情况下表示法唯一, 因此, 每个 n 元置换也对应于 n 的一个划分, 且两个置换是共轭的当且仅当它们对应的划分一样, 即我们有

引理 1.2.2 如下集合存在自然的一一对应: (1) n 阶幂零矩阵的相似等价类; (2) S_n 的共轭类; (3) n 的划分.

群作用对于研究有限群的结构方面起到巨大的作用. 例如, Lagrange 定理告诉我们: 群 G 的 m 阶子群存在的必要条件是 $m||G|$, 当然这个条件不是充分的 (为什么?). Cauchy 首先讨论了一种特殊情形.

定理 1.2.3 设 p 是 $|G|$ 的素因子, 则 G 中存在 p 阶元, 自然存在 p 阶子群.

19 世纪的挪威数学家 Sylow (西罗, 1832—1918) 推广了 Cauchy 的结果, 得到了著名的 Sylow 三大定理.

定理 1.2.4 (Sylow 第一定理) 设 $|G| = p^l m$, 其中 p 为素数, $l \geqslant 1$, $(p,m) = 1$, 则对任意 $k \leqslant l$, G 中存在 p^k 阶子群.

特别地, 称 G 的 p^l 阶子群为 G 的 **Sylow p-子群**. 当然, Sylow p-子群未必唯一, 它们之间的关系如何?

定理 1.2.5 (Sylow 第二定理) 设 P 是 G 的一个 Sylow p-子群, H 是 G 的一个 p^k 阶子群, $k \leqslant l$, 则存在 $g \in G$ 使得 $H \subseteq gPg^{-1}$. 特别地, G 的 Sylow p-子群是相互共轭的.

如果 Sylow p-子群只有一个, 自然是正规子群. 于是我们需要计算 Sylow p-子群的个数.

定理 1.2.6 (Sylow 第三定理) 设 G 的 Sylow p-子群的个数为 n_p, 则 $n_p|m$, 且 $n_p \equiv 1 (\mathrm{mod}\, p)$.

利用 Sylow 定理及相关结论可以证明

思考题 1.2.7 阶数小于 60 的群都是可解群, 且 60 阶的单群都同构于 A_5.

利用 Sylow 定理等初等的群论知识来解决上述问题有一定的挑战性, 这也是值得做的. 当然也有更好的解决方法: 利用本书后文中要介绍的著名的 Burnside p^aq^b 定理 (见定理 5.4.8). 利用 p^aq^b 定理可以轻松得到很多群都不是单群.

1.3 几何图形的对称群

在学习群论的时候, 初学者的一个通病是学完了只记住抽象的概念和结论, 却举不出具体的群的例子, 更不会运用抽象理论解决实际问题. 除了熟知的数域的加法群和非零数的乘法群、一般线性群 (可逆矩阵或可逆变换群) 等例子之外, 很多群来源于生活. 玩魔方的时候我们实际上在与魔方群打交道, 这是一个非常复杂的有限群, 其阶数为

$$43\ 252\ 003\ 274\ 489\ 856\ 000 = 2^{27}3^{14}5^{3}7^{2}11.$$

打乒乓球或篮球时, 乒乓球或篮球的运动看似复杂, 实际上就是由平移和旋转合成的. 平移、旋转和反射构成了三维空间的等距变换群, 其中所有绕过原点的直线的旋转构成特殊正交群 SO(3), 它可以刻画几何图形的对称性.

平面上的 n 边形中对称性最强的是正 n 边形, 其中当 $n = 1$ 时可以看作是一个点加一个圈, 当 $n = 2$ 时是两个点加连接这两点的两条线. 以其重心为原点, 容易得到, 保持正 n 边形不变的平面旋转恰构成 n 阶循环群, 即

$$\mathcal{C}_n \cong \langle b | b^n = 1 \rangle,$$

其中 b 为绕原点旋转 $\dfrac{2\pi}{n}$. 如果在三维空间中考虑, 绕经过原点和每个顶点的直线旋转 π 也保持正 n 边形不变, 任取其中一个设为 a, 则正 n 边形的对称群为二面体群

$$\mathcal{D}_n \cong \langle a, b | a^2 = b^n = (ab)^2 = 1 \rangle.$$

古希腊人早就知道凸正多面体只有五个, 分别是正四面体、正方体、正八面体、正十二面体和正二十面体. Plato (柏拉图, 约公元前 427 – 约前 347) 对其进行了研究, 后人称之为 Plato 多面体. 凸正多面体的分类并不难, 中学生就可以完成. 我们来考虑其对称性.

首先, 注意到任何一个凸正多面体的每个面的中心也张成一个凸正多面体, 则称二者为对偶的. 容易得到, 正方体和正八面体、正十二面体和正二十面体是对偶的, 而正四面体是自对偶的. 其次, 保持正多面体不变的旋转都经过其重心 (原点), 旋转轴与正多面体的交点必须是正多面体的顶点、棱的中点或面的中心 (为什么?).

保持中心在原点的正四面体不变的旋转分别为

(1) 恒等变换;

(2) 绕 4 条高旋转 $\frac{2\pi}{3}$ 或 $\frac{4\pi}{3}$;

(3) 绕 3 条对棱的中点连线旋转 π.

容易看出, 每个旋转实际上就是四个顶点的置换, 从而**正四面体群** $\mathcal{T}$ 都是由 S_4 中的偶置换构成的, 即

$$\mathcal{T} \cong A_4.$$

保持中心在原点的正八面体不变的旋转有

(1) 恒等变换;

(2) 绕 3 条对角线 (中心和顶点的连线) 旋转 $\frac{\pi}{2}$, π 或 $\frac{3\pi}{2}$, 共 9 个旋转;

(3) 绕 6 条对棱中点连线旋转 π, 共 6 个旋转;

(4) 绕 4 条原点与某个面的中心连线旋转 $\frac{2\pi}{3}$ 或 $\frac{4\pi}{3}$, 共 8 个旋转.

因此, **正八面体群** $\mathcal{O}$ 由 24 个空间旋转组成. 经过原点与正八面体某个面的中点的直线有 4 条 (也可以看作对偶的正方体的 4 条对角线), 正八面体群保持这 4 条直线整体不变, 即在这 4 条直线上有个自然的作用. 请读者自行验证这个作用是有效的, 从而得到

$$\mathcal{O} \cong S_4.$$

保持中心在原点的正二十面体不变的旋转有

(1) 恒等变换;

(2) 绕 6 条对角线旋转 $\frac{2\pi}{5}$, $\frac{4\pi}{5}$, $\frac{6\pi}{5}$ 或 $\frac{8\pi}{5}$, 共 24 个;

(3) 绕 15 条对棱中点连线旋转 π, 共 15 个;

(4) 绕 10 条原点与某个面的中心连线旋转 $\frac{2\pi}{3}$, $\frac{4\pi}{3}$, 共 20 个.

因此, **正二十面体群** $\mathcal{I}$ 有 60 个旋转. 从几何上看, 正十二面体的每个面是正五边形. 正五边形有五条对角线, 分别与五条边平行. 每个顶点是六条对角线的公共端点, 而这六条对角线可以分成两组, 每组的三条线两两垂直. 从两两垂直的三条对角线出发构造一个正方体, 其顶点恰是正十二面体的顶点, 棱是正十二面体的面上的对角线. 这样的正方体有五个, $\mathcal{I}$ 自然作用在这五个正方体上. 请读者自行验证这个作用是有效的, 从而得到 $\mathcal{I}$ 到 S_5 的单射. 因此 $\mathcal{I}$ 同构于 S_5 的一个 60 阶子群. 这样的子群的指数为 2, 自然是正规子群, 因此只能是 A_5, 即

$$\mathcal{I} \cong A_5.$$

这样, 利用正多边形和正多面体, 我们得到了 SO(3) 的五类有限子群. SO(3) 的有限子群还有哪些?

我们知道, SO(3) 中的矩阵作为 $\mathbb{R}^3$ 中的线性变换是绕某条经过原点的直线的旋转, 即任意 $A \in \mathrm{SO}(3)$ 都正交相似于

$$\begin{pmatrix} 1 & & \\ & \cos\theta & -\sin\theta \\ & \sin\theta & \cos\theta \end{pmatrix}.$$

于是, 任何不等于 I_3 的特殊正交矩阵的属于特征值 1 的特征子空间都是一维的. 这个一维子空间与 $\mathbb{R}^3$ 中的单位球 $S^2 = \{x \in \mathbb{R}^3 \| x| = 1\}$ 有两个交点. 特别地, 我们给出如下定义.

定义 1.3.1 设 G 为 SO(3) 的有限子群, $s \in G$, $s \neq I_3$, 如果 $x \in S^2$ 满足 $sx = x$, 则称 x 为 s (和 G) 的**极点**.

自然地, 若 x 为极点, 则 $-x$ 也是极点, 故每个非幺元都有两个极点. 记 G 的所有极点的全体为 P. 设 $x \in P$ 为 $s \in G$ 的极点, 则对任意 $t \in G$, 有

$$tst^{-1}(tx) = tsx = tx,$$

即 tx 为 tst^{-1} 的极点. 因此 G 在 P 上有个自然的作用. 我们有

引理 1.3.2 设 $x \in P$, 则 x 的迷向子群 G_x 为循环群.

证 确定直角坐标系 $OXYZ$ 使得 $x = (0,0,1)'$, 则 G_x 中元都是绕 Z-轴的旋转, 即形如

$$\begin{pmatrix} \cos\theta & -\sin\theta & \\ \sin\theta & \cos\theta & \\ & & 1 \end{pmatrix}.$$

将上述矩阵对应于 $\cos\theta + \sqrt{-1}\sin\theta$, 则 G 同构于复数域 $\mathbb{C}$ 的一个 n 阶乘法子群. 由于域的有限乘法子群都是循环群, 故 G 为 n 阶循环群. 当然也可以利用带余除法得到 G 中元的旋转角度 (属于 $[0, 2\pi)$) 必是某个角度的整数倍, 从而是循环群. 请读者自行探索. □

设 $x, y \in P$. 如果 $y = \pm x$, 自然有 $G_x = G_y$. 如果 $y \neq \pm x$, 则 x, y 线性无关, 故 x, y 不会是 G 中同一个非幺元的极点, 也就是说, $G_x \cap G_y = \{I_3\}$. 记 $G'_x = G_x \setminus \{I_3\}$, 则有

引理 1.3.3 若 $y = \pm x$, 则 $G'_x = G'_y$; 若 $y \neq \pm x$, 则 $G'_x \cap G'_y = \varnothing$.

计算所有 G'_x 中的元素个数, 可以得到

$$\sum_{x \in P} |G'_x| = 2(|G| - 1).$$

记 $P_1, P_2, \cdots, P_k$ 为该作用下的所有轨道, $p_i = |P_i|$ 和 $n_i = |G|/p_i$. 于是 n_i 为 P_i 中任意一点的迷向子群的阶. 从而我们有

$$\sum_{x\in P}|G'_x| = \sum_{i=1}^{k}\sum_{x\in P_i}|G'_x| = \sum_{i=1}^{k}p_i(n_i-1) = \sum_{i=1}^{k}(|G|-p_i).$$

结合上述两式我们得到

$$\sum_{i=1}^{k}\left(1-\frac{1}{n_i}\right) = 2\left(1-\frac{1}{|G|}\right). \tag{1.1}$$

不妨设 $n_1 \leqslant n_2 \leqslant n_3$, 则求解这个方程我们有

定理 1.3.4 设 G 为 SO(3) 的非平凡有限子群, 则 P 的轨道数为 2 或 3, 且 (1.1) 的解为

G	k	n_1	n_2	n_3	$\|G\|$
$\mathcal{C}_n$	2	n	n	–	n
$\mathcal{D}_n$	3	2	2	n	$2n$
$\mathcal{T}$	3	2	3	3	12
$\mathcal{O}$	3	2	3	4	24
$\mathcal{I}$	3	2	3	5	60

证 因为每个极点的迷向子群至少有两个元素, 故 $n_i \geqslant 2, i = 1, 2, 3$, 且轨道至少有两条, 即 $k \geqslant 2$. 进一步,

$$\frac{k}{2} \leqslant \sum_{i=1}^{k}\left(1-\frac{1}{n_i}\right) = 2\left(1-\frac{1}{|G|}\right) < 2.$$

从而有 $k < 4$.

如果 $k = 2$, 由 (1.1) 可知

$$\frac{1}{n_1}+\frac{1}{n_2} = \frac{2}{|G|}.$$

由 $n_i \leqslant |G|$ 易得 $n_1 = n_2 = |G|$. 因此只有两个极点且只能为 $x, -x$.

如果 $k = 3$, 则有

$$\frac{1}{n_1}+\frac{1}{n_2}+\frac{1}{n_3} = 1+\frac{2}{|G|} > 1.$$

(**这个不等式在 Lie 代数的 Dynkin 图分类中会出现!**) 于是 $\dfrac{3}{n_1} > 1$, 故 $n_1 < 3$,

因此 $n_1=2$. 从而我们有

$$\frac{1}{n_2}+\frac{1}{n_3}=\frac{1}{2}+\frac{2}{|G|}>\frac{1}{2}.$$

同理可得 $n_2<4$.

如果 $n_2=2$, 则 $n_3=\frac{|G|}{2}$. 从而 $|G|$ 为偶数, 设为 $2n$, 则 $n_3=n$.

如果 $n_2=3$, 则

$$\frac{1}{n_3}=\frac{1}{6}+\frac{2}{|G|}>\frac{1}{6}.$$

故 $n_3<6$. 当 $n_3=3,4,5$ 时, $|G|=12,24,60$. □

上述定理给出的是 SO(3) 所有可能的有限子群的阶数, 与正多边形和正多面体的对称群的阶数恰好对应, 说明了各类子群的存在性, 不过这并不能说明各类子群在共轭意义下都是唯一的. 下面我们来探讨这些问题.

若 $k=2$, P 为两个点, 自然是对径点 (单位圆周上关于原点对称的点), 设为 $\{x,-x\}$. 由引理 1.3.2 知 G 为循环群, 故为正 n 边形的对称群, 这里, $n=|G|$.

若 $k=3$, 设 G_i $(i=1,2,3)$ 为 P_i 中的点 x_i 的迷向子群, 则 $G_1=\langle b\rangle$ 是 2 阶群, 且 b 为绕 $\pm x_1$ 所在直线的旋转 π.

当 $|G|=2n$ 时, $n_3=n$, 且 $[G:G_3]=2$, 由此可知 G_3 为 G 的正规子群, 且 $G=G_1\ltimes G_3$. 由于同一个轨道中的点的迷向子群都是共轭的, 而 G_3 正规, 故 P_3 中的点的迷向子群都是 G_3, 即 P_3 中的点是 G_3 中非幺元的极点. 因此, P_3 的两个点只能为对径点, 不妨设为 $(0,0,\pm1)'$, 从而 G_3 为绕 Z-轴的旋转构成的 n 阶循环群, 设 $G_3=\langle a\rangle$, a 为绕 Z-轴旋转 $\frac{2\pi}{n}$, 故 $a^n=I_3$. 于是

$$G\cong\langle a,b|a^n=b^2=(ab)^2=1\rangle\cong\mathcal{D}_n.$$

特别地, G_3 在 P_1 上的作用是单可递的, 即作用可递且轨道上每一点的迷向子群是平凡的. 于是 P_1 (同理, P_2) 中的 n 个点均匀分布在 OXY 平面的单位圆上, 且恰好构成正 n 边形.

当 $|G|=12$ 时, $n_3=3$, G_3 为三阶循环群. 在 G_3 作用下, P_3 可以分解为不相交轨道的并, 每个轨道的元素个数只能是 1 或 3. 由于 G_3 的不动点最多有两个, 已有一个不动点 x_3, 故 P_3 中另外三个点构成一个轨道. 由于这三个点在 G_3 下不变, 故构成一个正三角形. 由对称性, P_3 中的点是正四面体的顶点, 从而 $G\cong\mathcal{T}$.

当 $|G|=24$ 时, $n_3=4$, G_3 为四阶循环群. 类似以上分析, 在 G_3 的作用下, P_3 分成 3 个轨道, 其中两个是单点集, 自然是 $\{x_3\}$ 和 $\{-x_3\}$; 另一个轨道有 4 个点. 由对称性, P_3 中的点张成一个正八面体, 故 $G\cong\mathcal{O}$.

当 $|G|=60$ 时, $n_3=5$, G_3 为五阶循环群. P_3 有 12 个点, 其在 G_3 的作用下只能分成 4 个轨道, 其中两个轨道是单点集, 必为 $\{x_3\}$ 与 $\{-x_3\}$; 另两个分别是 5 个点的轨道, 设为 O_1, O_2. 自然, O_1 与 O_2 中的点在 G_3 的作用下不变, 分别张成一个正五边形. 不妨设 O_1 距离 x_3 更近. 于是 O_1 与 x_3 张成一个正五棱锥. 由于 G 在 P_3 中作用可递, 故 P_3 中点有对称性. 因此这个正五棱锥的侧面都是正三角形. 由此可以看出, P_3 中的 12 个点张成正二十面体. 于是 $G\cong\mathcal{I}$.

总结以上讨论, 我们得到

定理 1.3.5　SO(3) 的任何有限子群都同构于下列群之一:

(1) 循环群 $\mathcal{C}_n\cong\langle a|a^n=1\rangle$;

(2) 正二面体群 $\mathcal{D}_n\cong\langle a,b|a^2=b^n=(ab)^2=1\rangle$, $n\geqslant 2$;

(3) 正四面体群 $\mathcal{T}\cong A_4=\langle a,b|a^2=b^3=(ab)^3=1\rangle$;

(4) 正八面体群或正方体群 $\mathcal{O}\cong S_4=\langle a,b|a^2=b^3=(ab)^4=1\rangle$;

(5) 正二十面体群或正十二面体群 $\mathcal{I}\cong A_5=\langle a,b|a^2=b^3=(ab)^5=1\rangle$.

我们可以用简单连通图来表示定理 1.3.4 中的分类结果. 一个图是由一些顶点和边 (即两个顶点之间的连线) 构成的. 若图的任意两个顶点都由一些边连通起来, 则称其为连通图. 由一条边相连的两个顶点称为**相邻**的. 与一个顶点相邻的顶点数称为该顶点的**度**. 度为 1 的顶点称为**端点**, 度至少为 3 的点称为**分叉点**. 这样我们可以把每个点群对应于一个图: 轨道个数为端点个数, 如果轨道数为 3, 则有一个分叉点. 从每个端点出发, 沿着边直到遇到分叉点或另一个端点所经过的顶点 (含端点和分叉点) 个数为该端点对应的轨道的迷向子群的阶数. 这样得到图 1.1, 其中的下标是每个图中顶点的个数, D_n 对应于点群 $\mathcal{D}_{n-2}$.

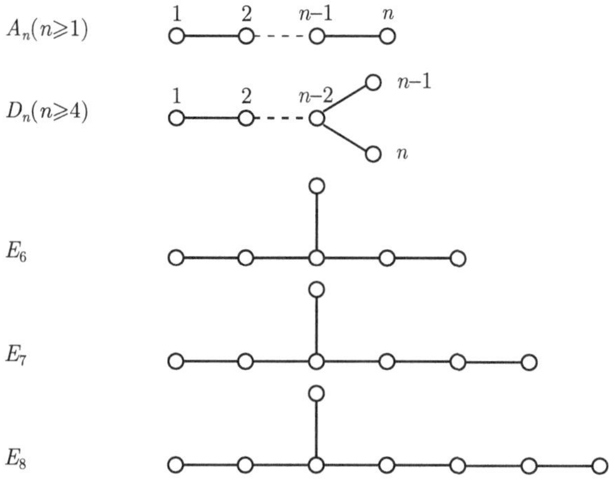

图 1.1　Dynkin 图 (ADE 分类)

一个非常有趣的现象是这样的图在 Lie 代数的研究中将会出现, 称为 **Dynkin 图**. 它们分别对应五类复单李代数 A_n, D_n, E_6, E_7, E_8, 被称为 **ADE 分类**, 其中 A_n, D_n 属于典型类, E_6, E_7, E_8 属于例外类. 特别地, 点群分类过程中要解的方程 (1.1) 在复单李代数的分类中也会出现.

我们也可以从另一种图的角度来看待这个问题. 考虑一个连通图, 对其每个顶点赋一个正整数值. 如果存在一种赋值方法使得每个顶点的赋值等于与之相邻的顶点的赋值之和的一半, 则称该图为**和谐图**, 如图 1.2.

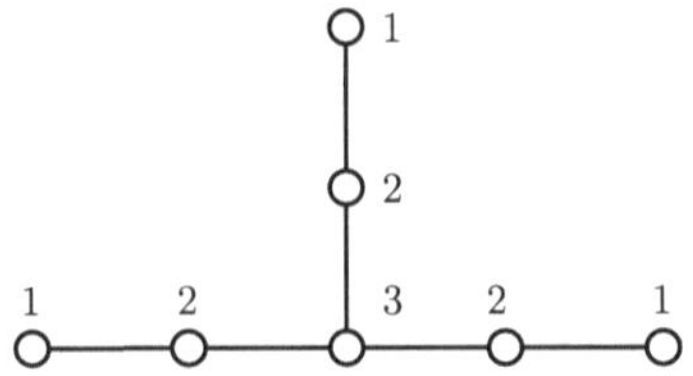

图 1.2 E_6 的扩充 Dynkin 图

思考题 1.3.6 试求出所有和谐图, 并考察其与上述 Dynkin 图的联系.

1.4 张 量

在高等代数课程中遇到的很多概念, 如行列式、矩阵、线性映射、线性变换、双线性函数和内积等, 都可以统一用一个非常重要的概念来表述, 这就是张量, 它在代数、几何、分析及物理等领域有广泛应用.

首先从双线性函数的观点来看. 设 V, W 为域 $\mathbb{F}$ 上的线性空间, 称二元函数 $h(\alpha,\beta)$ 为 $V\times W$ 上的**双线性函数**, 如果对任意 $\alpha,\alpha_1,\alpha_2\in V$, $\beta,\beta_1,\beta_2\in W$, $k_1,k_2\in\mathbb{F}$, 有

$$h(k_1\alpha_1+k_2\alpha_2,\beta)=k_1h(\alpha_1,\beta)+k_2h(\alpha_2,\beta);$$

$$h(\alpha,k_1\beta_1+k_2\beta_2)=k_1h(\alpha,\beta_1)+k_2h(\alpha,\beta_2).$$

双线性函数的全体自然构成一个线性空间 $\mathbb{B}$.

一个很自然的构造双线性函数的方法是取 $f\in V^*$, $g\in W^*$, 定义

$$h(\alpha,\beta)=f(\alpha)g(\beta).$$

容易验证 h 是双线性函数, 记为 $f\otimes g$, 称为 f 与 g 的**张量积**. 由所有 $f\otimes g$ 生成的 $\mathbb{B}$ 的子空间记为 $V^*\otimes W^*$, 即

$$V^* \otimes W^* = \left\{ \sum_i f_i \otimes g_i \middle| f_i \in V^*, g_i \in W^* \right\}.$$

我们称 $V^* \otimes W^*$ 为 V^* 与 W^* 的**张量积**, 其中的元素称为**张量**. 需要注意的是, 上述定义中的求和是有限和, 并且 $V^* \otimes W^*$ 中的元素不一定能写成 $f \otimes g$ 的形式, 而通常是一个线性组合.

我们知道, 任何线性空间 V 都可以看成 V^* 的对偶空间 V^{**} 的子空间, 即对任意 $\alpha \in V$, $f \in V^*$, 定义

$$\alpha^{**}(f) = f(\alpha).$$

容易验证 $\alpha^{**} \in V^{**}$, 且 $\alpha \mapsto \alpha^{**}$ 是 V 到 V^{**} 的单线性映射. 这样我们可以定义 V 与 W 的张量积为

$$V \otimes W = \left\{ \sum_i \alpha_i \otimes \beta_i \middle| \alpha_i \in V, \beta_i \in W \right\}.$$

这是一个线性空间, 其中的元素都是 $V^* \times W^*$ 上的双线性函数. 利用上述讨论容易得到张量积有如下的双线性性.

引理 1.4.1 对任意 $\alpha, \alpha_1, \alpha_2 \in V$, $\beta, \beta_1, \beta_2 \in W$, $k_1, k_2 \in \mathbb{F}$, 有

$$(k_1\alpha_1 + k_2\alpha_2) \otimes \beta = k_1(\alpha_1 \otimes \beta) + k_2(\alpha_2 \otimes \beta);$$

$$\alpha \otimes (k_1\beta_1 + k_2\beta_2) = k_1(\alpha \otimes \beta_1) + k_2(\alpha \otimes \beta_2).$$

如果 $\alpha_1, \alpha_2, \cdots, \alpha_n$, $\beta_1, \beta_2, \cdots, \beta_m$ 分别为 V, W 的一组基, 则利用双线性性不难得到: 对任意 $\alpha = \sum\limits_{i=1}^{n} k_i\alpha_i \in V$, $\beta = \sum\limits_{j=1}^{m} l_j\beta_j \in W$, 则有

$$\alpha \otimes \beta = \sum_{i,j} k_i l_j (\alpha_i \otimes \beta_j),$$

即这些 $\alpha_i \otimes \beta_j$ 是 $V \otimes W$ 的生成元. 进一步, 设 $f_1, f_2, \cdots, f_n$, $g_1, g_2, \cdots, g_m$ 为 V^*, W^* 中的对偶基, 即 $f_k(\alpha_i) = \delta_{ki}$, $g_l(\beta_j) = \delta_{lj}$. 若 $\sum\limits_{i,j} a_{ij}\alpha_i \otimes \beta_j = 0$, 则

$$\sum_{i,j} a_{ij}\alpha_i \otimes \beta_j(f_k, g_l) = \sum_{i,j} a_{ij} f_k(\alpha_i) g_l(\beta_j) = 0,$$

从而 $a_{kl} = 0$. 于是, $\alpha_i \otimes \beta_j$, $i = 1, 2, \cdots, n$, $j = 1, 2, \cdots, m$ 线性无关, 故为 $V \otimes W$ 的一组基. 因此有

引理 1.4.2 设 V, W 是域 $\mathbb{F}$ 上的有限维线性空间, 则

$$\dim V \otimes W = \dim V \cdot \dim W$$

且 $V \otimes W$ 是 $V^* \times W^*$ 上的双线性函数的全体.

思考题 1.4.3 若 V, W 是无限维线性空间, 则结论又如何?

我们接触过的很多概念都可以看成张量, 试举一例如下.

引理 1.4.4 设 V, W 为有限维 $\mathbb{F}$-线性空间, 记 $\mathrm{Hom}\,(V, W)$ 是 V 到 W 的线性映射的全体, 则存在线性同构

$$V^* \otimes W \cong \mathrm{Hom}\,(V, W).$$

证 设 $\alpha_1, \alpha_2, \cdots, \alpha_n$ 为 V 的基, $f_1^*, f_2^*, \cdots, f_n^*$ 为对偶基, $\beta_1, \beta_2, \cdots, \beta_m$ 为 W 的基, 则存在唯一的线性映射 $\varphi : V^* \otimes W \to \mathrm{Hom}\,(V, W)$ 满足

$$\varphi(f_i^* \otimes \beta_j)(\alpha) = f_i^*(\alpha)\beta_j.$$

实际上对任意 $f \otimes \beta \in V^* \otimes W$, $\alpha \in V$, 有

$$\varphi(f \otimes \beta)(\alpha) = f(\alpha)\beta.$$

对于 φ 是线性同构的证明留给读者. □

思考题 1.4.5 引理 1.4.4 可以适当推广到一些无穷维情形, 例如 W 为无穷维, 请读者自行探索.

现在我们来考虑张量积 $V \otimes W$ 上的线性变换, 自然与 V, W 上的线性变换有关. 对任意 $\mathscr{A} \in \mathrm{End}\, V$, $\mathscr{B} \in \mathrm{End}\, W$, 定义

$$\varphi\left(\sum_i \alpha_i \otimes \beta_i\right) = \sum_i \mathscr{A}\alpha_i \otimes \mathscr{B}\beta_i, \quad \alpha_i \in V, \beta_i \in W.$$

易验证 $\varphi \in \mathrm{End}\,(V \otimes W)$, 记为 $\mathscr{A} \otimes \mathscr{B}$, 即为 $\mathscr{A}$ 与 $\mathscr{B}$ 的**张量积**. 设 $\alpha_1, \alpha_2, \cdots, \alpha_n$, $\beta_1, \beta_2, \cdots, \beta_m$ 分别为 V, W 的一组基, $\mathscr{A}, \mathscr{B}$ 在对应基下的矩阵分别为 A, B. 要求 $\mathscr{A} \otimes \mathscr{B}$ 在 $V \otimes W$ 的基 $\alpha_i \otimes \beta_j$, $i = 1, 2, \cdots, n$, $j = 1, 2, \cdots, m$ 下的矩阵, 需要将这组基排序. 一般有如下两种排序方法:

$$\alpha_1 \otimes \beta_1, \cdots, \alpha_1 \otimes \beta_m, \cdots, \alpha_n \otimes \beta_1, \cdots, \alpha_n \otimes \beta_m; \tag{1.2}$$

$$\alpha_1 \otimes \beta_1, \cdots, \alpha_n \otimes \beta_1, \cdots, \alpha_1 \otimes \beta_m, \cdots, \alpha_n \otimes \beta_m, \tag{1.3}$$

也就是将 $\alpha_i \otimes \beta_j$ 自然排成 $n \times m$ 矩阵, 分别按行与列进行排序.

由于

$$\mathscr{A} \otimes \mathscr{B}(\alpha_i \otimes \beta_j) = \mathscr{A}\alpha_i \otimes \mathscr{B}\beta_j = \sum_{k=1}^{n}\sum_{l=1}^{m} a_{ki}b_{lj}\alpha_k \otimes \beta_l,$$

故 $\mathscr{A} \otimes \mathscr{B}$ 在上述两组基下的矩阵分别为

$$\begin{pmatrix} a_{11}B & \cdots & a_{1n}B \\ \vdots & & \vdots \\ a_{n1}B & \cdots & a_{nn}B \end{pmatrix}, \quad \begin{pmatrix} b_{11}A & \cdots & b_{1m}A \\ \vdots & & \vdots \\ b_{m1}A & \cdots & a_{mm}A \end{pmatrix}. \tag{1.4}$$

于是我们引入

定义 1.4.6 设 $A = (a_{ij}) \in \mathbb{F}^{n\times t}$, $B \in \mathbb{F}^{m\times s}$, 称 $mn \times st$ 矩阵

$$\begin{pmatrix} a_{11}B & \cdots & a_{1t}B \\ \vdots & & \vdots \\ a_{n1}B & \cdots & a_{nt}B \end{pmatrix}$$

为 A, B 的**张量积**, 记为 $A \otimes B$.

由 (1.4) 可得

引理 1.4.7 设 $A \in \mathbb{F}^{n\times n}$, $B \in \mathbb{F}^{m\times m}$, 则 $A \otimes B$ 与 $B \otimes A$ 相似.

进一步, 设 $\mathscr{A}, \mathscr{C} \in \operatorname{End} V$, $\mathscr{B}, \mathscr{D} \in \operatorname{End} W$, 有

$$\mathscr{A} \otimes \mathscr{B} \cdot \mathscr{C} \otimes \mathscr{D} = (\mathscr{A}\mathscr{C}) \otimes (\mathscr{B}\mathscr{D}).$$

转换成矩阵语言为

引理 1.4.8 设 $A, C \in \mathbb{F}^{n\times n}$, $B, D \in \mathbb{F}^{m\times m}$, 则 $A \otimes B \cdot C \otimes D = AC \otimes BD$. 若 A, B 都可逆, 则 $(A \otimes B)^{-1} = A^{-1} \otimes B^{-1}$.

利用上述讨论, 我们可以得到矩阵的张量积有如下性质.

引理 1.4.9 设 $A \in \mathbb{F}^{n\times n}$, $B \in \mathbb{F}^{m\times m}$, 则

$$\operatorname{tr}(A \otimes B) = \operatorname{tr}(A)\operatorname{tr}(B), \quad |A \otimes B| = |A|^m|B|^n.$$

证 关于迹的等式是明显的. 由于 $A \otimes B = A \otimes I_m \cdot I_n \otimes B$, 且 $A \otimes I_m$ 与 $I_m \otimes A$ 相似, 故

$$|A \otimes B| = |A \otimes I_m||I_n \otimes B| = |I_m \otimes A||I_n \otimes B| = |A|^m|B|^n.$$ □

实际上我们可以得到以下更一般的结论, 证明留给读者.

思考题 1.4.10 设 $\lambda_1, \lambda_2, \cdots, \lambda_n$ 为 A 的特征值, $\mu_1, \mu_2, \cdots, \mu_m$ 为 B 的特征值, 则 $\lambda_i\mu_j\ (1 \leqslant i \leqslant n, 1 \leqslant j \leqslant m)$ 为 $A \otimes B$ 的所有特征值. 试讨论 $A \otimes B$ 的特征向量与 A 和 B 的特征向量的关系.

将 $\mathbb{F}$ 上的 n 维线性空间 V 等同于 $\mathbb{F}^n$, m 维线性空间 W 等同于 $\mathbb{F}^m$, 则可以将 $V \otimes W$ 等同于 $\mathbb{F}^{n\times m}$ (为什么?). 这样我们就能用如下更直观的方式来考虑方阵的张量积.

思考题 1.4.11 设 $A \in \mathbb{F}^{n\times n}$, $B \in \mathbb{F}^{m\times m}$, 定义 $\mathbb{F}^{n\times m}$ 上的线性变换为

$$C \mapsto ACB',$$

试求这个线性变换的矩阵. 当然矩阵与基的选择有关.

一个特殊也是极为常用的张量是线性空间 V 与自身的张量 $V \otimes V$, 其中的元素可以视为 V^* 上的双线性函数. 特别地, 当 V 为有限维时, $V \otimes V$ 与 V^* 上的双线性函数空间 $\mathbb{B}$ 存在自然的线性同构. 我们知道, $\mathbb{B}$ 可以分解为对称双线性函数空间 $\mathbb{S}$ 和反对称双线性函数空间 $\mathbb{A}$ 的直和. 我们考虑 $\mathbb{B}$ 上变换

$$(\sigma h)(\alpha, \beta) = h(\beta, \alpha).$$

不难验证 $\sigma \in \operatorname{End} \mathbb{B}$ 且 $\sigma^2 = \mathrm{id}$ (由此定义了二阶群在 $\mathbb{B}$ 上的作用). 因此 σ 可以对角化, 且特征值为 ± 1, $\mathbb{S}$ 和 $\mathbb{A}$ 分别为 σ 的属于特征值 1 和 -1 的特征子空间. 用张量的观点看, $\mathbb{S}$ 和 $\mathbb{A}$ 分别对应于 $V \otimes V$ 的如下两个子空间:

$$S^2V = \operatorname{Span}\{\alpha \otimes \beta + \beta \otimes \alpha \mid \alpha, \beta \in V\},$$
$$\wedge^2V = \operatorname{Span}\{\alpha \otimes \beta - \beta \otimes \alpha \mid \alpha, \beta \in V\},$$

这里, $\operatorname{Span}\{\cdot\}$ 表示由花括号中元素生成的子空间. 于是 $V \otimes V = S^2V \oplus \wedge^2V$. 分别称 S^2V, $\wedge^2V$ 中元素为 V 的 2 阶**对称张量**和**反对称张量**.

类似地, 我们可以定义 n 重张量空间

$$\underbrace{V \otimes V \otimes \cdots \otimes V}_{n},$$

可视为 V^* 上的 n 重线性函数. 我们也可以定义 n 重对称张量和反对称张量, 这里需要用到对称群 S_n 的作用. 当然, 如果 $\dim V < n$, 则 n 重反对称张量只有零.

1.5 代数数与代数整数

张量积可以帮助我们理解代数数论的一些概念，它们对于表示论的研究是非常重要的. 称复数 α 为**代数数**，如果 α 是一个非零整系数多项式的根; 称 α 为**代数整数**，如果 α 是一个首一整系数多项式的根. 对任意代数数 α，集合 $I_\alpha = \{f(x) \in \mathbb{Q}[x] | f(\alpha) = 0\}$ 是 $\mathbb{Q}[x]$ 的一个理想，自然是主理想，即 I_α 中存在唯一的首一多项式 $f_\alpha(x)$，称为 α 的**最小多项式**，使得 $I_\alpha = \langle f_\alpha(x)\rangle$. 容易证明 $f_\alpha(x)$ 是不可约的，且 α 是代数整数当且仅当 $f_\alpha(x) \in \mathbb{Z}[x]$.

利用定义，我们知道整数都是代数整数，每个单位根也是代数整数，而每一个非整数的有理数都不是代数整数. 代数整数是代数数论中重要的研究对象，在研究 $\mathbb{Q}$ 的代数扩张时起着非常重要的作用.

例 1.5.1 对任意 $m, n \in \mathbb{Z}$, $m+n\sqrt{-1}$ 为代数整数. 更一般地，对任意 $d \in \mathbb{Z}$, $d \neq 0, 1$，不妨设 d 不含有平方素因子 (即若 p 是素数，则 $p^2 \nmid d$)，对于数域 $\mathbb{Q}(\sqrt{d})$ 中的元素 $a + b\sqrt{d}$, $a, b \in \mathbb{Q}$, $b \neq 0$，其最小多项式为

$$f(x) = (x-a)^2 - b^2 d = x^2 - 2ax + (a^2 - b^2 d).$$

于是，$a+b\sqrt{d}$ 为代数整数当且仅当 $2a, a^2 - b^2 d$ 都是整数. 若 $a \in \mathbb{Z}$，则必有 $b \in \mathbb{Z}$. 另一种可能是 $a = \frac{k}{2}$，其中 k 为奇数，则 b 也形如 $\frac{l}{2}$，其中 l 为奇数. 不过，此时 $a^2 - b^2 d$ 为整数当且仅当 $d \equiv 1 \pmod 4$. 故我们有 $\mathbb{Q}(\sqrt{d})$ 中的代数整数为

$$\begin{cases} m + n\sqrt{d}, & d \equiv 2, 3 \pmod 4, \\ m + n\dfrac{1+\sqrt{d}}{2}, & d \equiv 1 \pmod 4, \end{cases}$$

其中 $m, n \in \mathbb{Z}$.

为了考察代数整数的整体结构，我们需要用另一种观点来看待代数整数. 对任意 $A \in \mathbb{Q}^{n\times n}$, A 的每个特征值都是有理系数多项式 $|xI_n - A|$ 的根，自然是代数数. 特别地，如果 $A \in \mathbb{Z}^{n\times n}$，即 A 是整数矩阵，则 A 的每个特征值都是代数整数. 反之，我们有

引理 1.5.2 每个代数数 (或代数整数) 都是某个有理方阵 (或整数方阵) 的特征值.

证 设代数数 α 的最小多项式为 $f_\alpha(x) = x^n + a_{n-1}x^{n-1} + \cdots + a_0$，令

$$A=\begin{pmatrix} 0 & 0 & \cdots & -a_0 \\ 1 & 0 & \cdots & -a_1 \\ \vdots & \ddots & \ddots & \vdots \\ 0 & \cdots & 1 & -a_{n-1} \end{pmatrix},$$

则 $|xI_n-A|=f_\alpha(x)$. 从而 α 是有理方阵的特征值. 若 α 是代数整数, 则 $f_\alpha(x)$ 为整系数多项式, 上述 A 是整数方阵. 故代数整数是整数方阵的特征值. □

若 $X\in\mathbb{C}^n, Y\in\mathbb{C}^m$ 分别为 $A\in\mathbb{Q}^{n\times n}, B\in\mathbb{Q}^{m\times m}$ 的属于特征值 α,β 的特征向量, 则 $X\otimes Y$ 分别是 $A\otimes I_m+I_n\otimes B, A\otimes B$ 的属于特征值 $\alpha+\beta,\alpha\beta$ 的特征向量. 利用引理 1.5.2 我们得到

命题 1.5.3 所有代数数构成一个数域, 所有代数整数构成 $\mathbb{C}$ 的一个子环.

也可以不用张量的语言, 直接考虑 $\mathbb{C}^{n\times m}$ 上的线性变换

$$\varphi: C\mapsto AC+CB', \quad \psi: C\mapsto ACB'.$$

思考题 1.5.4 若 $X\in\mathbb{C}^n$ 是 A 的属于 λ 的特征向量, $Y\in\mathbb{C}^m$ 是 B 的属于 μ 的特征向量, 则 XY' 是 φ,ψ 的特征向量. 试求相应的特征值.

上述问题也可以用抽象代数的方法来解决并推广.

思考题 1.5.5 利用环论和域扩张的语言证明命题 1.5.3.

第 2 章　表示论的基本概念

表示论是从 Dedekind 群行列式引出的, 我们将回顾这一具有传奇色彩的创立过程, 逐步引入表示论的基本概念, 建立常表示的完全可约性, 将表示论的研究归结到不可约表示的分类和缠结算子的研究, 为后续工作奠定基础.

2.1　表示的起源

设 $G=\{s_1,s_2,\cdots,s_n\}$ 为群, 其中 s_1 为幺元, 则 G 的乘法可以表示为如下的**群表**:

	s_1	$\cdots$	s_n
s_1	s_1s_1	$\cdots$	s_1s_n
$\vdots$	$\vdots$		$\vdots$
s_n	s_ns_1	$\cdots$	s_ns_n

群表的每一行或每一列的元素实际上都是群的所有元素的一个排列.

1886 年 2 月, 德国数学家 Richard Dedekind (1831–1916) 在一篇没有发表的文章中考虑了一个看起来比较简单的问题: 将群元素 s_i 换成变量 x_i, 群表就成了以 $x_1,x_2,\cdots,x_n$ 为元素的矩阵, 然后计算这个矩阵的行列式. 他计算了很多例子, 发现了一些有趣的现象. 为了方便起见, Dedekind 把这个矩阵做了一点修改, 引入了如下定义.

定义 2.1.1　称 n 阶矩阵 $X_G=(x_{ij})$ 为 G 的一个**群矩阵**, 其中 x_{ij} 为 $s_is_j^{-1}=s_k$ 对应的变量 x_k. 称 X_G 的行列式 D_G 为 G 的**群行列式**.

当然这个修改只是将群表对应的矩阵的某些列互换了, 所得到的行列式也就差别一个正负号, 好处是群矩阵的对角元都是 x_1. 需要注意的是

注记 2.1.2　群矩阵依赖于群元素的排列顺序, 不过不同的群矩阵是相似的,

因此群行列式与群元素的排列无关.

我们先来看一些群行列式的例子.

例 2.1.3 设 $G=\{s_1,s_2,s_3,s_4\}$ 为 Klein 群, 其中

$$s_2^2=s_3^2=s_4^2=s_2s_3s_4=s_1,$$

则其群行列式为

$$\begin{vmatrix} x_1 & x_2 & x_3 & x_4 \\ x_2 & x_1 & x_4 & x_3 \\ x_3 & x_4 & x_1 & x_2 \\ x_4 & x_3 & x_2 & x_1 \end{vmatrix} \begin{aligned} &=(x_1+x_2+x_3+x_4)(x_1+x_2-x_3-x_4) \\ &\quad\cdot(x_1-x_2+x_3-x_4)(x_1-x_2-x_3+x_4). \end{aligned}$$

例 2.1.4 设 $G=\{s_1,s_2,\cdots,s_n\}$ 为循环群, 其中 $s_i=s_2^{i-1}$, 试求其群行列式.

解 容易得到 G 的群矩阵为循环矩阵

$$X_G=\begin{pmatrix} x_1 & x_n & x_{n-1} & \cdots & x_2 \\ x_2 & x_1 & x_n & \cdots & x_3 \\ x_3 & x_2 & x_1 & \cdots & x_4 \\ \vdots & \vdots & \vdots & & \vdots \\ x_n & x_{n-1} & x_{n-2} & \cdots & x_1 \end{pmatrix}.$$

这个矩阵的行列式为

$$D_G=\prod_{i=0}^{n-1}(x_1+x_2\omega^i+\cdots+x_n\omega^{(n-1)i}),$$

其中 ω 是 n 次本原单位根. 这个结果在矩阵论中是常见的. □

通过计算一些例子, Dedekind 发现有限 Abel 群的群行列式可以分解为一次齐次多项式的乘积, 即

$$D_G=\prod_{i=1}^{n}f_i(x_1,x_2,\cdots,x_n),$$

其中 $f_i(x_1,x_2,\cdots,x_n)=a_{i1}x_1+a_{i2}x_2+\cdots+a_{in}x_n$. 于是可以得到函数

$$\chi_i:G\to\mathbb{C},\quad \chi_i(s_j)=a_{ij}.$$

进一步, Dedekind 发现这些 χ_i 实际上就是如下定义的群 G 的特征.

定义 2.1.5 设 G 为一个群, 称 G 到 $\mathbb{C}^*$ 的函数 χ 为 G 的一个特征, 如果

对任意 $a, b \in G$, $\chi(ab) = \chi(a)\chi(b)$. 换句话说, G 的特征就是 G 到 $\mathbb{C}^*$ 的群同态. 特别地, 如果 $\chi(a) \equiv 1$, 则称其为 G 的**主特征**, 记为 χ_1.

通常我们也用 1 表示 G 的幺元, 则 $\chi(1) = 1$. 对 G 中任意 n 阶元 s 有

$$1 = \chi(1) = \chi(s^n) = \chi(s)^n.$$

故 $\chi(s)$ 是 n 次单位根. 特别地, 如果 G 的阶数为 n, 则对于任意 $s \in G$, $\chi(s)$ 都是 n 次单位根.

例 2.1.6　(1) 设 $\sigma \in S_n$, 定义 σ 的符号为

$$\operatorname{sgn}(\sigma) = \begin{cases} 1, & \sigma \text{ 为偶置换}, \\ -1, & \sigma \text{ 为奇置换}. \end{cases}$$

则 sgn 为 S_n 的一个特征.

(2) (Legendre 符号) 设 p 是一个奇素数, 对任意 $a \in \mathbb{Z}$, 定义

$$\chi_p(a) = \left(\frac{a}{p}\right) = \begin{cases} 0, & p \mid a, \\ 1, & \text{存在 } b \in \mathbb{Z},\ 0 < b < p, \text{ 使得 } a \equiv b^2 \pmod{p}, \\ -1, & \text{不存在 } b \in \mathbb{Z} \text{ 使得 } a \equiv b^2 \pmod{p}. \end{cases}$$

若记 $\mathbb{F}_p = \mathbb{Z}/p\mathbb{Z} = \{\overline{0}, \overline{1}, \cdots, \overline{p-1}\}$, 则 χ_p 是群 $\mathbb{F}_p^*$ 的一个特征, 这里, $\mathbb{F}_p^* = \mathbb{F}_p \backslash \{0\}$ 是 $\mathbb{F}_p$ 的非零元构成的乘法群, 这实际上是一个循环群.

我们可以从另一个角度来看 Legendre 符号. 令 $G = \mathbb{F}_p^*$, 则 $H = \{a^2 | a \in G\}$ 是 G 的正规子群. 考虑映射 $\varphi: G \to H$, $\varphi(a) = a^2$, 则 φ 是群的满同态且 $\operatorname{Ker}\varphi = \{\overline{1}, \overline{p-1}\}$ 为 2 阶群, 同构于群 $\{\pm 1\}$. 从而 H 中元素个数为 $\dfrac{1}{2}|G|$. 考虑同态 $\chi: G \to G/H$, 注意到 $|G/H| = 2$, 则 χ 实际上就是 Legendre 符号 χ_p.

(3) Dirichlet 定义 L-函数为 $L(s, \chi) = \sum\limits_{n=1}^{\infty} \dfrac{\chi(n)}{n^s}$, 其中, $\chi: \mathbb{Z} \to \mathbb{C}$ 满足:

(a) 存在正整数 k 使得对任意 $n \in \mathbb{Z}$, 有 $\chi(n) = \chi(n+k)$;

(b) 如果 n, k 不互素, 则 $\chi(n) = 0$, 否则 $\chi(n) \neq 0$;

(c) 对任意 $m, n \in \mathbb{Z}$, $\chi(mn) = \chi(m)\chi(n)$.

称 χ 为 **Dirichlet**(mod k) 特征. 实际上 χ 是 $(\mathbb{Z}/k\mathbb{Z})^*$ 的特征, 这里, $(\mathbb{Z}/k\mathbb{Z})^*$ 表示环 $\mathbb{Z}/k\mathbb{Z}$ 中乘法可逆元全体构成的群. 特别地, 当 $k = 1$ 时, $\chi \equiv 1$, 此时的 L-函数即为 Riemann ζ-函数 $\zeta(s) = \sum\limits_{n=1}^{\infty} \dfrac{1}{n^s}$.

(4) 设 $\mathrm{GL}(n,\mathbb{C})$ 为复数域上的一般线性群, 即为 n 阶复可逆矩阵的全体. 记 $\det(A)$ 为 $A \in \mathrm{GL}(n,\mathbb{C})$ 的行列式, 则 $\det : \mathrm{GL}(n,\mathbb{C}) \to \mathbb{C}^*$ 为 $\mathrm{GL}(n,\mathbb{C})$ 的一个特征.

Abel 群的特征的全体具有很好的结构, 我们有

引理 2.1.7 记 Abel 群 G 的所有特征的全体为 $\widehat{G}$. 对任意 $\chi, \psi \in \widehat{G}$, 定义 $\phi : G \to \mathbb{C}^*$ 为

$$\phi(x) = \chi(x)\psi(x).$$

则 $\phi \in \widehat{G}$, 记为 $\phi = \chi \cdot \psi$. 进一步, $(\widehat{G}, \cdot)$ 为 Abel 群, 称 $\widehat{G}$ 为 G 的**特征群**.

证 容易验证 $\phi \in \widehat{G}$, 即运算 $\cdot$ 是合理的. 这个运算实际上就是函数值的逐点相乘, 自然满足交换律和结合律. 于是 $\widehat{G}$ 是一个半群. 记 χ_1 为 G 的主特征, 对任意 $\chi \in \widehat{G}$, $\chi_1 \cdot \chi(s) = \chi_1(s)\chi(s) = \chi(s)$. 故 $\chi_1 \cdot \chi = \chi$, 即 χ_1 为幺元. 对任意 $\chi \in \widehat{G}$, 定义 $\mu(s) = \chi(s^{-1}) = \overline{\chi(s)}$, 容易看出 $\mu \in \widehat{G}$, 且 $\mu \cdot \chi(s) = \mu(s)\chi(s) = 1 = \chi_1(s)$, 即 μ 是 χ 的逆元. 于是 $\widehat{G}$ 为 Abel 群. □

例 2.1.8 设 $G = \langle a \rangle$ 为 n 阶循环群, 若 $\chi \in \widehat{G}$, 则 $\chi(a)^n = \chi(a^n) = 1$, 即 $\chi(a)$ 为 n 次单位根. 而 $\chi(a)$ 的取值决定了 χ. 设 $\omega = \mathrm{e}^{\frac{2\pi\sqrt{-1}}{n}}$, 令 $\chi_i(a) = \omega^{i-1}$, 则 $\chi_i(a^k) = \omega^{(i-1)k}$, 其中, $i, k = 1, 2, \cdots, n$, 容易看出 $\widehat{G} = \{\chi_1, \chi_2, \cdots, \chi_n\}$, 且 χ_2 为 n 阶元, 则 $\widehat{G}$ 为 n 阶循环群, 从而 $G \cong \widehat{G}$.

上述例子中的结论并不是偶然的, 实际上我们有

命题 2.1.9 设 G 是一个有限 Abel 群, 则 $G \cong \widehat{G}$.

证 有限 Abel 群是循环群的直积, 故不妨设 $G = H_1 \times H_2 \times \cdots \times H_k$, 其中 H_i 为 n_i 阶循环群. 对任意 $\chi_i \in \widehat{H_i}$, $a_i \in H_i$, 定义

$$\chi(a_1 a_2 \cdots a_k) = \chi_1(a_1)\chi_2(a_2)\cdots\chi_k(a_k).$$

容易验证 $\chi \in \widehat{G}$. 于是有映射

$$\phi : \widehat{H_1} \times \widehat{H_2} \times \cdots \times \widehat{H_k} \to \widehat{G}.$$

可以验证这是一个群同态且是单射. 比较元素个数可知 ϕ 也是满射, 从而是同构. 又由 $\widehat{H_i} \cong H_i$ 知 $G \cong \widehat{G}$. □

引理 2.1.7 的结论对于非 Abel 群也成立, 即非 Abel 群的特征的全体也构成一个 Abel 群, 不过我们不用 $\widehat{G}$ 表示这个特征群. 若 χ 为 G 的特征, 由于 $\chi(G)$ 为 Abel 群, 则由群的同态基本定理可知 $G/\mathrm{Ker}\,\chi \cong \chi(G)$. 故 $G^{(1)} \subseteq \mathrm{Ker}\,\chi$, 其中, $G^{(1)}$ 为 G 的换位子群. 于是我们自然可以得到

推论 2.1.10 设 G 为有限群, 则 G 的特征群同构于 $G/G^{(1)}$.

我们知道, 对称群 S_n 的换位子群为交错群 A_n, 因此, 当 $n \geqslant 2$ 时, S_n 的特征只有两个: 主特征和 sgn (见例 2.1.6).

Abel 群的不同特征之间有一个很好的关系——正交关系. 对于 G 的特征 χ, 我们考虑 $\sum\limits_{s\in G}\chi(s)$. 若 χ 不是主特征, 则存在 $t\in G$ 使得 $\chi(t)\neq 1$. 于是

$$\sum_{s\in G}\chi(ts)=\chi(t)\sum_{s\in G}\chi(s).$$

注意到 $\sum\limits_{s\in G}\chi(ts)=\sum\limits_{s\in G}\chi(s)$, 故有

$$(\chi(t)-1)\sum_{s\in G}\chi(s)=0.$$

从而我们有

引理 2.1.11 设 χ 为有限群 G 的特征, 则 $\sum\limits_{s\in G}\chi(s)=\begin{cases}0, & \chi\neq\chi_1,\\ |G|, & \chi=\chi_1.\end{cases}$

进一步, 对于特征 χ,ψ, 由于 $\phi=\chi\cdot\psi^{-1}$ 也是特征, 这里 $\psi^{-1}(s)=\psi(s^{-1})$ 为 ψ 在 $\widehat{G}$ 中的逆元. 利用上述引理可得

命题 2.1.12 设 χ,ψ 为有限群 G 的特征, 则

$$\sum_{s\in G}\chi(s)\psi(s^{-1})=\begin{cases}0, & \chi\neq\psi,\\ |G|, & \chi=\psi.\end{cases}$$

设 $G=\{s_1,s_2,\cdots,s_n\}$ 为 Abel 群, 于是 G 的特征群 $\widehat{G}$ 也有 n 个元, 设为 $\{\chi_1,\chi_2,\cdots,\chi_n\}$. 令

$$A=\frac{1}{\sqrt{|G|}}\begin{pmatrix}\chi_1(s_1) & \cdots & \chi_1(s_n)\\ \vdots & & \vdots\\ \chi_n(s_1) & \cdots & \chi_n(s_n)\end{pmatrix}.$$

注意到对于任意特征 ψ 有 $\psi(s^{-1})=\overline{\psi(s)}$, 上述命题表明 A 的行向量在 $\mathbb{C}^{1\times n}$ 的自然酉积下是两两正交的, 即 A 为酉矩阵. 因此上述命题也称为特征的**正交关系**.

利用群的特征, Dedekind 得到了如下结论.

定理 2.1.13 设 $G=\{s_1,s_2,\cdots,s_n\}$ 为 Abel 群, 则群行列式 D_G 可以分解为不同的一次齐次多项式的乘积:

$$D_G = \prod_{\chi \in \widehat{G}} \left(\sum_{i=1}^{n} \chi(s_i) x_i \right).$$

证 对任意 $\chi \in \widehat{G}$, 将第 i $(i = 2, 3, \cdots, n)$ 行分别乘以 $\chi(s_i)$ 加到第一行得 $\sum\limits_{i=1}^{n} \chi(s_i) x_i$ 是 D_G 的因子. 这些因子对于不同的 χ 是两两互素的. 因此, $\prod\limits_{\chi \in \widehat{G}} \left(\sum\limits_{i=1}^{n} \chi(s_i) x_i \right)$ 是 D_G 的因子. 比较两者的次数和 x_1^n 的系数可知定理成立. □

不过, 非 Abel 群的情形要复杂得多.

例 2.1.14 考虑对称群 S_3, $(1), (123), (132), (12), (13), (23)$ 对应的变量分别为 $x_1, x_2, x_3, x_4, x_5, x_6$. 于是群矩阵为

$$X_G = \begin{pmatrix} x_1 & x_3 & x_2 & x_4 & x_5 & x_6 \\ x_2 & x_1 & x_3 & x_5 & x_6 & x_4 \\ x_3 & x_2 & x_1 & x_6 & x_4 & x_5 \\ x_4 & x_5 & x_6 & x_1 & x_3 & x_2 \\ x_5 & x_6 & x_4 & x_2 & x_1 & x_3 \\ x_6 & x_4 & x_5 & x_3 & x_2 & x_1 \end{pmatrix} = \begin{pmatrix} A & B \\ B & A \end{pmatrix},$$

其中 $A = \begin{pmatrix} x_1 & x_3 & x_2 \\ x_2 & x_1 & x_3 \\ x_3 & x_2 & x_1 \end{pmatrix}$, $B = \begin{pmatrix} x_4 & x_5 & x_6 \\ x_5 & x_6 & x_4 \\ x_6 & x_4 & x_5 \end{pmatrix}$. 于是

$$D_G = |A + B||A - B|.$$

容易看出 $x_1 + x_2 + x_3 + x_4 + x_5 + x_6$, $x_1 + x_2 + x_3 - x_4 - x_5 - x_6$ 分别是 $|A + B|$ 与 $|A - B|$ 的因子. 于是不难算出 $|A + B|$ 与 $|A - B|$. 从而有

$$\begin{aligned} D_G = &(x_1 + x_2 + x_3 + x_4 + x_5 + x_6)(x_1 + x_2 + x_3 - x_4 - x_5 - x_6) \\ &\cdot (x_1^2 + x_2^2 + x_3^2 - x_1 x_2 - x_1 x_3 - x_2 x_3 \\ &- x_4^2 - x_5^2 - x_6^2 + x_4 x_5 + x_4 x_6 + x_5 x_6)^2. \end{aligned}$$

思考题 2.1.15 试求所有 8 阶非 Abel 群的群行列式.

通过对一些例子的计算, Dedekind 发现非 Abel 群的群行列式并不能分解为一次因式的乘积, 其中会出现高次的齐次不可约因式. 不过奇怪的是, 每个高次不可约因式在群行列式中的指数与其次数相等, 即有

$$D_G = f_1^{i_1} f_2^{i_2} \cdots f_h^{i_h},$$

这里, $f_1, f_2, \cdots, f_h$ 为互不相同的不可约多项式, 且 $\deg f_j = i_j$, $j = 1, 2, \cdots, h$. 其中的一次因式的个数等于 $|G/G^{(1)}|$. Dedekind 尝试用超复数来将高次因式分解成一次因式, 不过难以推广. 在 1896 年 3 月 25 日和 4 月 3 日, 他给 Frobenius 写信介绍了自己的发现. 在 1896 年 4 月 12 日, 17 日和 26 日给 Dedekind 的回信中, Frobenius 推广了群特征的定义并由此证明了 Dedekind 的发现 (见第 52 页).

定理 2.1.16 (Frobenius)　设 $G = \{s_1, s_2, \cdots, s_n\}$ 为有限群, 则

$$D_G = \prod_{j=1}^{h} P_j(x_1, x_2, \cdots, x_n)^{n_j},$$

其中, P_j 为不可约多项式, $n_j = \deg P_j$, h 为 G 的共轭类个数.

Frobenius 在对上述定理的证明过程中推广了特征的概念, 由此建立了有限群的表示理论. 他的证明过程比较复杂, 与他同时代的一个英国数学家 W. Burnside 简化了 Frobenius 的工作. Schur 和 Brauer 进一步深入了表示论的研究. 我们将跟随这些先贤的足迹重走表示论发展之路.

2.2　表示的基本概念

考察 n 阶群 G 的群矩阵, 其每行每列都是 G 的元素的排列. 于是群矩阵可以写成

$$X_G = \sum_{i=1}^{n} x_i B_i,$$

其中, B_i 为**置换矩阵**, 即每一行每一列有且仅有一个元素是 1, 其他元素都是 0. 所有置换矩阵的全体自然构成一个同构于 S_n 的群, 不妨就记为 S_n. 这样就得到了自然的映射

$$\pi : G \to S_n \subseteq \mathrm{GL}(n, \mathbb{C}), \quad x_i \mapsto B_i.$$

重要的是, Frobenius 注意到 π 是一个群同态, 请读者自行验证一下, 后文也会从另一个角度说明这一点.

为了计算群行列式, 一个自然的想法是利用同时准对角化, 即求 n 阶可逆矩阵 T 使得 TB_iT^{-1} 成为分块方式相同的准对角矩阵, 甚至是对角矩阵, 这样 D_G 就容易求了. 是否存在这样的 T 呢? 由于每个 B_i 都可以看成 $\mathbb{C}^n$ 上的线性变换, 它们可以同时准对角化就意味着存在直和分解 $\mathbb{C}^n = V_1 \oplus V_2 \oplus \cdots \oplus V_k$, 其中 $V_1, V_2, \cdots, V_k$ 是 B_i 的公共不变子空间. 考虑 $B_1, B_2, \cdots, B_n$ 在 V_i 上的限制, 这样就得到群同态 $\pi_i : G \to \mathrm{GL}(V_i)$. 于是我们自然引入如下的定义.

定义 2.2.1 设 V 为域 $\mathbb{F}$ 上的 n 维线性空间, G 为群, 称群同态 $\rho: G \to \mathrm{GL}(V)$ 为 G 在 V 上的一个 $\mathbb{F}$-(线性) **表示**, 记为 (ρ, V) 或 ρ. 称 V 为**表示空间**, 其维数为表示的**维数**, 记为 $\deg \rho$.

如果 ρ 为单射, 则称 ρ 为**忠实表示**. 任意选定 V 的一组基, 则有群同构 φ : $\mathrm{GL}(V) \to \mathrm{GL}(n, \mathbb{F})$, 且 $\pi = \varphi \circ \rho$ 是 G 到 $\mathrm{GL}(n, \mathbb{F})$ 的群同态. π 是 ρ 的矩阵形式, 我们也称 $\pi: G \to \mathrm{GL}(n, \mathbb{F})$ 为 G 的线性表示.

思考题 2.2.2 是否每个有限群都有忠实表示?

我们知道, 对于群同态 $\rho: G \to \mathrm{GL}(V)$, $\mathrm{Ker}\,\rho$ 是 G 的正规子群, 且我们有唯一的自然同态 $\overline{\rho}: G/\mathrm{Ker}\,\rho \to \mathrm{GL}(V)$ 使得 $\rho = \overline{\rho} \circ \pi$, 这里 $\pi: G \to G/\mathrm{Ker}\,\rho$ 是商同态. 因此我们有

引理 2.2.3 设 (ρ, V) 是 G 的表示, 则 $(\overline{\rho}, V)$ 是 $G/\mathrm{Ker}\,\rho$ 的忠实表示.

简单地说, 表示就是把抽象的群 G 映为具体的群 $\mathrm{GL}(V)$, 而我们对 $\mathrm{GL}(V)$ 是有比较深入的了解的, 这样就把抽象的群具体化. 忠实表示为 G 与 $\mathrm{GL}(V)$ 的子群建立同构, 即表示的像完全反映了群的性质. 不过, 非忠实表示有时候可以提供给我们其他有用信息, 比如表示的核就是一个正规子群, 而对于寻找一个群的正规子群有助于我们判断一个群的单性.

我们也可以用模的语言来叙述表示. 群 G 的表示 (π, V) 定义了映射

$$G \times V \to V, \quad (g, v) \mapsto \pi(g)v.$$

在不引起混淆的情况下, 我们也把 $\pi(g)v$ 简记为 $g \cdot v$ 或 gv. 容易验证对任意 $v, w \in V$, $s, t \in G$, $k, l \in \mathbb{F}$ 有

(1) 对任意 $v \in V$, $1 \cdot v = v$, 这里 1 为 G 的幺元;

(2) 对任意 $s, t \in G$, $(st) \cdot v = s \cdot (t \cdot v)$;

(3) 对任意 $k, l \in \mathbb{F}$, $v, w \in V$, $s \cdot (kv + lw) = ks \cdot v + ls \cdot w$.

此时我们称 V 为一个 G-**模**. 反之容易验证, 如果 V 是一个 G-模, 则上述性质自然定义了 G 到 $\mathrm{GL}(V)$ 的一个 (线性) 表示. 换句话说, 群的表示和模是一回事.

上述性质 (1), (2) 定义的是 G 在 V 上的作用. 进一步, 如果把 G 换成环, 则由于环上还有加法结构, 所以在模的定义中还需要加上

(4) $(s + t) \cdot v = s \cdot v + t \cdot v$.

同样地, 环的模也与环的同态对应. 以后我们还会考虑更广泛的代数的表示或模, 它们的本质都是一样的.

在群论中, 群作用对于群结构的研究起到关键作用. 群的线性表示具备群作

用和线性变换的双重特性, 把对于抽象群结构的研究与线性变换理论结合起来, 自然可以为进一步的研究提供有力的工具.

例 2.2.4 (1) 如果对任意 $s \in G$, 有 $\rho(s) = \mathrm{id}_V$, 即 ρ 为 G 到 $\mathrm{GL}(V)$ 的平凡同态, 称 ρ 为**平凡表示**.

(2) 当 $\dim V = 1$ 时, 对于 G 的一维表示 $\rho: G \to \mathrm{GL}(V)$, 将 $\mathrm{GL}(V)$ 等同于 $\mathbb{C}^*$, 则 $\rho(s)$ 就是 G 的一个特征. 反之, 群的特征也是群的一维表示. 由此可见, 表示是群的特征的自然推广.

对于一维表示 $\rho: G \to \mathbb{C}^*$ 而言, 由于 G 为有限群, 设 $|G| = n$, 则对于任意 $s \in G$, $\rho(s)^n = \rho(s^n) = 1$, 因此 $\rho(s)$ 是 n 次单位根, 我们有 $|\rho(s)| = 1$. 更一般地, 对任意表示 $\rho: G \to \mathrm{GL}(V)$, 有 $\rho(s)^n = \rho(s^n) = \mathrm{id}_V$. 因此, $\rho(s)$ 的一个零化多项式为 $x^n - 1$. 于是我们有

引理 2.2.5 设 V 是复线性空间, $\rho: G \to \mathrm{GL}(V)$ 为 n 阶群 G 的表示, 则对任意 $s \in G$, $\rho(s)$ 可对角化且其特征值都是 n 次单位根.

从上述引理可以看出, 线性表示的好处是将抽象的群与具体的线性变换或方阵联系起来, 而后者是我们熟知并有深入研究的, 从而线性变换理论可以应用到群的结构的研究中. 早期的群论集中于具体的变换群. 经过 Cayley 等的工作把群的抽象概念提出后, 数学家们一度认为没有必要把群实现成具体的变换或者矩阵形式. 例如, Burnside 在出版于 1897 年的名著 *Theory of Groups of Finite Order* (第一版) 中就持有这种观点. 不过, 当看到 Frobenius 在群行列式和特征方面的工作的时候, 他意识到表示论在群的结构研究方面会起到很大作用, 并用他自己的方法简化了 Frobenius 的工作且进一步发扬光大, 利用表示理论得到了一系列的群结构方面的结果. 不仅是抽象群需要研究其表示理论, 熟知的矩阵群的表示论依然可以为我们提供强有力的工具, 从而得到更深刻的结果. 例如

思考题 2.2.6 设 $\mathbb{H} = \left\{ \begin{pmatrix} \alpha & \beta \\ -\overline{\beta} & \overline{\alpha} \end{pmatrix} \middle| \alpha, \beta \in \mathbb{C} \right\}$, 则 $\mathbb{H}$ 为四维实线性空间, 且对任意 $A, B \in \mathbb{H}$, $(A, B) = \dfrac{1}{2} \mathrm{Re}\,\mathrm{tr}\,(A\overline{B}')$ 为 $\mathbb{H}$ 上的内积. 设

$$\mathrm{SU}(2) = \{T \in \mathrm{GL}(2, \mathbb{C}) | T\overline{T}' = I_2, |T| = 1\}$$

为 2 阶**特殊酉群**. 对任意 $T \in \mathrm{SU}(2)$, 定义 $\mathbb{H}$ 上变换 $\varphi_T(A) = TA\overline{T}'$. 容易验证 φ_T 为 $\mathbb{H}$ 上的正交变换, 而 $W = \{c\,\mathrm{id} | c \in \mathbb{R}\}$ 是 φ_T 的不变子空间, 自然 $V = W^{\perp}$ 也是 φ_T-不变的. 记 $\mathrm{O}(V)$ 为 V 的正交变换构成的群, 称为**正交群**. 于是我们有映射 $\varphi: \mathrm{SU}(2) \to \mathrm{O}(V)$, $\varphi(T) = \varphi_T|_V$ 为群同态. 由此证明:

$\mathrm{SU}(2)/\{\pm I_2\} \cong \mathrm{SO}(3)$. 这里 $\mathrm{SO}(3)$ 为三阶**特殊正交群**.

例 2.2.7 (1) 记号同例 2.1.6, 则 $\mathrm{sgn}: S_n \to \mathbb{C}^*$ 为 S_n 的一维表示, 称为 S_n 的**符号表示**. 当 $n \geqslant 2$ 时, S_n 的一维表示只有平凡表示和符号表示.

(2) 设 $X = \{e_1, e_2, \cdots, e_n\}$, 则 S_n 在 X 上有一个自然作用 $\sigma(e_i) = e_{\sigma(i)}$. 设 V 为 n 维复线性空间, 其中 $e_1, e_2, \cdots, e_n$ 为 V 的一组基. 于是 $\sigma \in S_n$ 在 V 上的作用是 V 的这组基元素的置换, 自然存在唯一的线性变换 $\rho(\sigma)$ 使得 $\rho(\sigma)(e_i) = e_{\sigma(i)}$. 容易验证, $\sigma \mapsto \rho(\sigma)$ 是 S_n 到 $\mathrm{GL}(V)$ 的一个群同态且是单射. 在基 $e_1, e_2, \cdots, e_n$ 下, $\rho(\sigma)$ 的矩阵为一个置换矩阵. 进一步可以看出, $\mathrm{sgn}\,(\sigma) = \det(\rho(\sigma))$, 即 sgn 是 det 与 ρ 的复合.

线性代数还为我们提供了大量表示的例子.

例 2.2.8 (1) 对任意 $T \in \mathrm{End}\,V$, 定义 $\pi(s)(T) = \rho(s)T\rho(s)^{-1}$, $s \in G$, 则 $(\pi, \mathrm{End}\,V)$ 为 G 的一个表示, 即由相似作用得到的表示.

(2) 将上述例子推广, 设 (ρ, V), (ρ', V') 为 G 的表示, 对任意 $T \in \mathrm{Hom}\,(V, V')$, 定义 $\pi(s)(T) = \rho'(s)T\rho(s)^{-1}$, 则容易验证 $(\pi, \mathrm{Hom}\,(V, V'))$ 为 G 的表示. 更一般地, 若 (ρ, V), (ρ', V') 分别为 G, G' 的表示, 则对任意 $s \in G, s' \in G'$, 定义

$$\pi(s, s')T = \rho'(s')T\rho(s)^{-1},$$

则 $(\pi, \mathrm{Hom}\,(V, V'))$ 为 $G \times G'$ 的表示, 这是由矩阵相抵得到的表示.

(3) 在 (2) 中, 令 $V' = \mathbb{F}$, ρ' 为平凡表示, 则 $(\rho^*(s)v^*)(v) = v^*(\rho(s)^{-1}v)$, 这样得到 (ρ, V) 的**对偶表示** (ρ^*, V^*). 设 $f \in V^*$, $v \in V$, 记 $f(v)$ 为 (f, v), 则

$$(\rho^*(s)(f), v) = (f, \rho(s)^{-1}v).$$

(4) 考虑 G 的表示 $\rho: G \to \mathrm{GL}(n, \mathbb{F})$, 则对任意 $T \in \mathbb{F}^{n\times n}$, 定义

$$\pi(s)T = \rho(s)T\rho(s)',$$

其中 $\rho(s)'$ 表示 $\rho(s)$ 的转置. 于是, $(\pi, \mathbb{F}^{n\times n})$ 是由合同作用得到的表示.

上述例子启发我们将群作用和线性表示联系起来. 一般来说, 群所作用的集合 X 并不具有线形空间结构, 我们需要考虑与 X 相关的线性空间, 一个自然的想法是 X 生成的线性空间. 设群 G 作用在 $X = \{e_1, e_2, \cdots, e_n\}$ 上, V 为 $\mathbb{F}$ 上的 n 维线性空间, 其一组基为 X. 于是自然得到 G 在 V 上的一个线性表示, 称为**置换表示**. 例如, $X = G/H$ 为 G 的左陪集空间. 特别地, 当 $X = G$ 时, 其中 G 的作用为左平移作用, 由此得到的置换表示称为 G 的**左正则表示**, 记为 $(R, \mathbb{F}G)$. 后文

我们将会看到左正则表示在群表示理论中起到关键作用, 这也是 Frobenius 解决群行列式问题的关键.

对于 G 的置换表示 (ρ, V), 令 W 为 $x = e_1 + e_2 + \cdots + e_n$ 张成的 V 的一维子空间. 对任意 $s \in G$, 由于 $\rho(s)$ 是 $\{e_1, e_2, \cdots, e_n\}$ 上的一个置换, 故 $\rho(s)x = x$, 即 $\rho(s)|_W = \mathrm{id}_W$, 从而, W 是 $\rho(s)$ 的公共不变子空间. 更一般地, 我们有

定义 2.2.9 设 (ρ, V) 为 G 的一个线性表示, W 为 V 的一个子空间. 称 W 为 G-**不变的**, 如果对任意 $s \in G$, W 都是 $\rho(s)$ 的不变子空间. 定义 $\rho|_W(s) = \rho(s)|_W$, 容易验证: $(\rho|_W, W)$ 为 G 的一个表示, 称之为 (ρ, V) 的**子表示**. 自然, V 本身和 $\{0\}$ 是 V 的子表示, 称为**平凡子表示**; 其他的子表示都称为**非平凡子表示**.

例如, 上面提到的 G 的置换表示的子空间 W 就是一个子表示. 对于一般的表示 (ρ, V), 我们也可以考虑其子空间

$$V^G = \{v \in V | \rho(s)v = v, \forall s \in G\}.$$

自然, V^G 是 V 的子表示, 而 $(\rho|_{V^G}, V^G)$ 为平凡表示. 我们称 V^G 中的元素为 G 的**不动点**.

如果 W 是 G-不变的, $\rho(s)$ 在商空间 V/W 上自然诱导了一个商映射 $\overline{\rho(s)}$. 定义 $\overline{\rho}(s) = \overline{\rho(s)}$, 于是 $(\overline{\rho}, V/W)$ 也是 G 的一个表示, 称为 (ρ, V) 的**商表示**. 如果 H 是 G 的子群, G 的表示 (ρ, V), 自然可以看作 H 的表示, 称为**限制表示**, 记为 $\mathrm{Res}_H^G \rho$ 或 $\mathrm{Res}\, \rho$.

线性空间与其子空间和商空间的关系可描述为如下的短正合序列

$$0 \to W \xrightarrow{\iota} V \xrightarrow{\pi} V/W \to 0,$$

其中 ι 是 W 到 V 的自然嵌入, π 是商映射. 如果考虑的是群的表示, 我们还需要加入群的作用, 即可以用如下的交换图来刻画三个表示的关系:

$$\begin{array}{ccccccccc}
0 & \longrightarrow & W & \xrightarrow{\iota} & V & \xrightarrow{\pi} & V/W & \longrightarrow & 0 \\
 & & \downarrow{\scriptstyle \rho/W(s)} & & \downarrow{\scriptstyle \rho(s)} & & \downarrow{\scriptstyle \overline{\rho}(s)} & & \\
0 & \longrightarrow & W & \xrightarrow{\iota} & V & \xrightarrow{\pi} & V/W & \longrightarrow & 0
\end{array}$$

更一般地, 为了考虑 G 的两个表示之间的关系, 我们引入如下定义.

定义 2.2.10 设 (ρ, V) 和 (ρ', V') 为 G 的两个 $\mathbb{F}$-表示, 称线性映射 $\mathcal{T} \in \mathrm{Hom}\,(V,\ V')$ 为两个表示的**缠结算子**, 如果对任意 $s \in G$ 有 $\mathcal{T}\rho(s) = \rho'(s)\mathcal{T}$, 即有

交换图

$$
\begin{array}{ccc}
V & \xrightarrow{\mathcal{T}} & V' \\
{\scriptstyle \rho(s)}\downarrow & & \downarrow{\scriptstyle \rho'(s)} \\
V & \xrightarrow{\mathcal{T}} & V'
\end{array}
$$

记所有缠结算子的全体为 $\mathrm{Hom}_G(V,V')$, 是 $\mathrm{Hom}(V,V')$ 的子空间. 如果缠结算子 $\mathcal{T}$ 可逆, 则称 ρ 与 ρ' **等价**, 记为 $\rho\cong\rho'$ 或 $V\cong V'$.

例 2.2.11 设 (ρ,V) 为 G 的表示, $Z(G)$ 为 G 的**中心**. 对任意 $s\in Z(G)$, $t\in G$, $st=ts$, 故 $\rho(s)\rho(t)=\rho(t)\rho(s)$. 因此, $\rho(s)$ 是 V 到自身的缠结算子.

缠结算子在表示中的地位就相当于线性空间的线性映射、群和环中的同态, 在表示论的研究中起到关键作用. 先看一些简单例子.

例 2.2.12 设 (ρ,V) 为 G 的一个表示, 对任意 $\mathcal{T}\in\mathrm{GL}(V)$, 定义 $\rho':G\to\mathrm{GL}(V)$ 为 $\rho'(s)=\mathcal{T}\rho(s)\mathcal{T}^{-1}$, 则 (ρ',V) 也是 G 的表示, 且 $\rho\cong\rho'$, $\mathcal{T}$ 即为一个缠结算子.

同样对于 G 的内自同构 $\varphi(s)=tst^{-1}$, $\rho'=\rho\circ\varphi$ 也是 G 的一个表示. 于是有

$$\rho'(s)=\rho(\varphi(s))=\rho(tst^{-1})=\rho(t)\rho(s)\rho(t)^{-1}.$$

因此, $\rho(t)$ 是 ρ 与 ρ' 的缠结算子.

这个例子实际上也告诉了我们引入缠结算子定义的必要性. 利用 G 或 $\mathrm{GL}(V)$ 的内自同构并不能得到本质上不同的表示. 当然如果是外自同构, 则可能得到新的表示. 不过很多群的外自同构群并不大, 甚至可能是平凡群.

例 2.2.13 设 $G=\langle a\rangle$ 为 p 阶循环群, 其中, p 是素数. G 的内自同构只是恒等变换. 容易验证, $\varphi_k(a^l)=a^{kl}$ 是 G 的自同构. 反之, 对任意 $\varphi\in\mathrm{Aut}(G)$, 存在 k, $1\leqslant k<p$, 使得 $\varphi(a)=a^k$, 自然有 $\varphi(a^l)=a^{kl}$, 即 $\varphi=\varphi_k$. 因此, $\mathrm{Aut}(G)=\{\varphi_1,\varphi_2,\cdots,\varphi_{p-1}\}$, 且 $\mathrm{Aut}(G)$ 为 $p-1$ 阶循环群.

缠结算子在表示论中起到的作用与模同态的地位相当. 类似于同态基本定理 1.2.1, 我们有

引理 2.2.14 设 $\mathcal{T}\in\mathrm{Hom}_G(V,V')$, 则 $\mathrm{Ker}\,\mathcal{T}$ 和 $\mathrm{Im}\,\mathcal{T}$ 都是 G-不变的, 且作为 G 的表示有 $V/\mathrm{Ker}\,\mathcal{T}\cong\mathrm{Im}\,\mathcal{T}$. 特别地, 如果 $\mathcal{T}$ 是单射, 则 V 与 V' 的子表示 $\mathrm{Im}\,\mathcal{T}$ 等价, 也称 V 为 V' 的**子表示**.

因此, 非可逆的缠结算子有助于寻求表示的子表示, 而如同不变子空间对于研究线性变换的作用一样, 子表示对于表示结构的研究也同样重要. 设 (ρ,V) 是 G

的 n 维表示, W 是 V 的子表示. 将 W 的一组基 $e_1, e_2, \cdots, e_k$ 扩充为 V 的一组基 $e_1, \cdots, e_k, \cdots, e_n$, 则在该组基下 $\rho(s)$ 的矩阵形如

$$A(s) = \begin{pmatrix} B(s) & C(s) \\ 0 & D(s) \end{pmatrix}, \tag{2.1}$$

其中 $B(s), D(s)$ 分别为 k 阶和 $n-k$ 阶可逆矩阵. 一个自然的问题是能否选择合适的 $e_{k+1}, e_{k+2}, \cdots, e_n$ 使得对任意 $s \in G$ 有 $C(s) = 0$, 也就是子空间 $\mathrm{Span}\{e_{k+1}, e_{k+2}, \cdots, e_n\}$ 也是 G-不变的? 我们引入如下定义.

定义 2.2.15 设 (ρ_1, W), (ρ_2, U) 都是 G 的 $\mathbb{F}$-表示, 则在 W 和 U 的直和 $V = W \oplus U$ 上定义

$$\rho(s)(v_1 + v_2) = \rho_1(s)v_1 + \rho_2(s)v_2, \quad v_1 \in W,\ v_2 \in U.$$

则 $\rho(s) \in \mathrm{GL}(V)$, 且 (ρ, V) 为 G 的表示, 记为 $(\rho_1 \oplus \rho_2, W \oplus U)$. 称其为 (ρ_1, W) 和 (ρ_2, U) 的**直和**. 称群 G 的一个表示 (ρ, V) 是**完全可约的**, 如果对 V 的任何子表示 W 都有 V 的子表示 U 使得 $V = W \oplus U$. 称 U 为 W 的**补子表示**.

一般来说, 补子表示并不好求. 我们先考虑一种简单情况. 我们知道在 Euclid 空间 (或酉空间) 中, 一个正交变换 (或酉变换) 的不变子空间的正交补也是不变子空间. 如果表示空间 V 为实或复线性空间, 是否存在 V 的内积 (,) 使得 $\rho(s)$ 都是正交变换 (或酉变换) 呢? 也就是说, 对任意 $s \in G$, $u, v \in V$, 有

$$(\rho(s)u, \rho(s)v) = (u, v).$$

当然一般的内积 (,) 不一定满足上述条件, 定义

$$\langle u, v \rangle = \sum_{s \in G} (\rho(s)u, \rho(s)v).$$

容易验证: $\langle\ ,\ \rangle$ 是一个正定的对称双线性函数, 从而是 V 上的内积. 进一步, 对任意 $t \in G$ 有

$$\begin{aligned}
\langle \rho(t)u, \rho(t)v \rangle &= \sum_{s \in G} (\rho(s)\rho(t)u, \rho(s)\rho(t)v) \\
&= \sum_{s \in G} (\rho(st)u, \rho(st)v) \\
&= \sum_{s \in G} (\rho(s)u, \rho(s)v).
\end{aligned}$$

因此, $\langle \rho(t)u, \rho(t)v\rangle = \langle u, v\rangle$, 即

引理 2.2.16 设 (ρ, V) 为有限群 G 的实表示或复表示, 则 V 中存在 G-不变内积.

由于 $\rho(s)$ 保持内积 $\langle\ ,\ \rangle$ 不变, 任意 $\rho(s)$-不变的子空间的正交补也是 $\rho(s)$-不变的. 于是我们得到

命题 2.2.17 有限群 G 的有限维实表示或复表示都是完全可约的.

该命题可以推广到更一般的域上. 一般域上的线性空间未必有内积, 我们需要考虑表示的直和的等价形式.

定义 2.2.18 设 W 为 V 的子空间, 称 $p \in \mathrm{End}\,(V)$ 为 V 到 W 上的**投影**, 如果 $W = \mathrm{Im}\,p$ 且 $p^2 = p$.

由于投影 p 满足 $p^2 = p$, 故 p 可对角化, 且 $V = \mathrm{Im}\,p \oplus \mathrm{Ker}\,p = W \oplus \mathrm{Ker}\,p$. 反之, 给定 W 的任何补空间 U, 对任意 $w \in W, u \in U$, 定义 $p(w+u) = w$, 则 p 为 V 到 W 上的投影. 因此我们有

引理 2.2.19 设 W 是 V 的子空间, 则 W 的补子空间的集合与 V 到 W 上的投影的集合之间存在一一对应.

特别地, 如果 $V = W \oplus U$ 是 G 的表示的直和, 则容易得到此分解对应的投影 p 是 G 的表示 V 到自身的缠结算子. 反之, 如果 $p \in \mathrm{Hom}_G(V, V)$ 是 V 到 W 上的投影, 则 $V = W \oplus \mathrm{Ker}\,p$, 且由引理 2.2.14 可知 $W = \mathrm{Im}\,p$ 和 $\mathrm{Ker}\,p$ 都是 G-不变子空间, 即 $V = W \oplus \mathrm{Ker}\,p$ 是表示的直和. 因此我们得到

引理 2.2.20 设 W 为 V 的子表示, 则存在子表示 U 使得 $V = W \oplus U$ 当且仅当存在 $p \in \mathrm{Hom}_G(V, V)$ 是 V 到 W 上的投影.

利用上述引理我们可以得到命题 2.2.17 的推广情形.

定理 2.2.21 (Maschke) 设 (ρ, V) 为 G 的一个 $\mathbb{F}$-表示且 $\mathrm{ch}\,\mathbb{F} \nmid |G|$, 则 (ρ, V) 是完全可约的. 这里, $\mathrm{ch}\,\mathbb{F}$ 表示域 $\mathbb{F}$ 的特征.

证 只需要找到 V 到 W 上的投影 p 使得 $p \in \mathrm{Hom}_G(V, V)$. 先考虑 W 在 V 中的任何补子空间 W', p_0 为相应的投影. 如果 p_0 与 $\rho(s)$ 都可交换, 则 $p_0 \in \mathrm{Hom}_G(V, V)$ 即为所求的投影; 否则, 利用求平均法考虑线性变换

$$p = \frac{1}{|G|}\sum_{t\in G}\rho(t)\cdot p_0\cdot \rho(t)^{-1}.$$

于是, 对任意 $s \in G$, 有

$$
\begin{aligned}
\rho(s)p\rho(s)^{-1} &= \frac{1}{|G|}\sum_{t\in G}\rho(s)\rho(t)\cdot p_0\cdot\rho(t)^{-1}\rho(s)^{-1} \\
&= \frac{1}{|G|}\sum_{t\in G}\rho(st)\cdot p_0\cdot\rho(st)^{-1} \\
&= \frac{1}{|G|}\sum_{t\in G}\rho(t)\cdot p_0\cdot\rho(t)^{-1} \\
&= p.
\end{aligned}
$$

因此 $p\in \mathrm{Hom}_G(V,V)$.

另外, 容易得到对任意 $x\in V$, $\rho(t)\cdot p_0\cdot\rho(t)^{-1}x\in W$, 且当 $x\in W$ 时, $\rho(t)\cdot p_0\cdot\rho(t)^{-1}x=x$, 故 $p^2=p$ 且 $\mathrm{Im}\,p=W$, 即 p 是 V 到 W 上的投影. 从而 $V=W\oplus\mathrm{Ker}\,p$, $\mathrm{Ker}\,p$ 为 W 的补子表示. □

思考题 2.2.22 上述定理可以用矩阵形式表达为: 对于 (2.1) 的所有矩阵, 存在 $P\in\mathbb{F}^{n\times n}$ 使得 $PA(r)P^{-1}$ 为准对角矩阵. 实际上可以要求 $P=\begin{pmatrix} I_k & T \\ 0 & I_{n-k}\end{pmatrix}$. 试求 P.

定理中的条件 $\mathrm{ch}\,\mathbb{F}\nmid|G|$ 在 $\mathrm{ch}\,\mathbb{F}=0$ 时自然满足. 当 $\mathrm{ch}\,\mathbb{F}$ 为素数, 且 $\mathrm{ch}\,\mathbb{F}\,|\,|G|$ 时, 定理不成立.

例 2.2.23 设 $\mathbb{F}_2$ 为 2 个元素的有限域, $G=\left\{\begin{pmatrix}1&0\\0&1\end{pmatrix},\begin{pmatrix}1&1\\0&1\end{pmatrix}\right\}$ 为 $\mathbb{F}_2$ 上可逆上三角矩阵构成的群. 考虑 G 在线性空间 $\mathbb{F}_2^2$ 上的自然的二维表示, 它有一个非平凡子表示 $\mathrm{Span}\{\alpha\}$, 其中 $\alpha=\begin{pmatrix}1\\0\end{pmatrix}$. 进一步, $\mathbb{F}_2^2$ 不是完全可约的, 否则 G 中元素都可以对角化. 此外也可以看出 $\mathrm{Span}\{\alpha\}$ 是 $\mathbb{F}_2^2$ 的唯一的非平凡子表示, 这也说明 $\mathbb{F}_2^2$ 不是完全可约的.

上述例子实际上是利用了特征为 0 和特征为 2 的域上矩阵的一个不同之处: 在特征为 0 的域上, 矩阵 A 如果满足 $A^2=I_n$ 则可对角化, 因为 A 的零化多项式 x^2-1 没有重因式; 但在特征为 2 的域上这个结论是不对的: $x^2-1=(x-1)^2$. 类似的结论可以推广到更一般情形: $\mathrm{ch}\,\mathbb{F}$ 是 $|G|$ 的因子, 此种情况下 G 的 $\mathbb{F}$-表示并不总是完全可约的, 称这样的表示为**模表示**. 本书中如无特殊说明, 我们提到的表示都是**常表示**, 也就是表示空间的特征 $\mathrm{ch}\,\mathbb{F}\nmid|G|$.

2.3 不可约表示

由 Maschke 定理, 对有限群 G 的有限维表示 V, 如果 V 有非平凡子表示 W, 则有表示的直和分解 $V = W \oplus U$. 同样对于 W, U 也可以考虑类似的分解, 从而将 V 分解成更多的非平凡子表示的直和. 由于 V 的维数有限, 这样的分解在有限步会终止, 也就是存在分解

$$V = V_1 \oplus V_2 \oplus \cdots \oplus V_k, \tag{2.2}$$

其中的每一个子表示 V_i 都没有非平凡子表示. 我们引入如下定义.

定义 2.3.1 如果 G 的有限维表示 $V \neq \{0\}$ 没有非平凡的子表示, 则称 V 为 G 的**不可约表示**, 否则称为可约的.

在分解 (2.2) 中, V_i 都是不可约表示, 于是我们有

引理 2.3.2 有限群 G 的有限维表示都可以分解为不可约表示的直和.

这样我们可以得到表示的完全可约性的等价定义.

命题 2.3.3 设 (ρ, V) 为 G 的有限维表示, 则下列条件等价:

(1) V 是完全可约的;

(2) V 是不可约子表示的直和;

(3) V 是不可约子表示的和.

证 (1) $\Rightarrow$ (2) 和 (2) $\Rightarrow$ (3) 是明显的. 对于 (3) $\Rightarrow$ (1), 设 $V = \sum\limits_i V_i$ 为不可约表示的和, 则对任意 V 的子表示 W, 如果 $W \neq V$, 则存在 V_{i_1} 使得 $V_{i_1} \not\subseteq W$. 由于 V_{i_1} 不可约, 故 $V_{i_1} \cap W = \{0\}$. 因此, $W + V_{i_1}$ 为直和. 同理, 如果 $W \oplus V_{i_1} \neq V$, 则存在 V_{i_2} 使得 $(W \oplus V_{i_1}) + V_{i_2}$ 为直和. 有限步之后有

$$W \oplus V_{i_1} \oplus V_{i_2} \oplus \cdots \oplus V_{i_k} = V.$$

故 $V_{i_1} \oplus V_{i_2} \oplus \cdots \oplus V_{i_k}$ 是 W 的补子表示. □

注记 2.3.4 在上述证明中, 我们可以考虑 V 的与 W 交为 $\{0\}$ 且维数最大的子表示, 证明它就是 W 的一个补子表示即可.

不可约表示在表示论中的地位与素数在整数中、不可约多项式在多项式中的地位类似. 因此, 有限群表示的研究就可转换为对其不可约表示的研究. 群 G 的不可约表示有哪些呢? 是否可以给出其分类, 从而得到所有有限维表示的刻画? 这是我们需要深入研究的问题.

首先我们指出如下简单事实.

引理 2.3.5　设 (ρ, V) 是 G 的不可约表示, 则 $(\overline{\rho}, V)$ 是 $G/\operatorname{Ker}\rho$ 的不可约表示.

我们来看一些不可约表示的例子.

例 2.3.6　所有一维表示都是不可约的, 而有限群 G 的所有一维表示即为 G 的特征, 也可以看作 $G/G^{(1)}$ 的特征.

特别地, 对于 Abel 群在代数闭域上的表示我们有

引理 2.3.7　设 $\mathbb{F}$ 为代数闭域, Abel 群的有限维不可约 $\mathbb{F}$-表示都是一维的.

证　设 (ρ, V) 为 Abel 群 G 的不可约 $\mathbb{F}$-表示, 对任意 $s \in G$, 如果 $\rho(s)$ 不是数乘变换, 则存在 $\lambda \in \mathbb{F}$, 使得 $\rho(s)$ 的属于 λ 的特征子空间 V_λ 为 V 的非平凡子空间. 对任意 $t \in G$, $st = ts$, 故 $\rho(s)$ 与 $\rho(t)$ 可交换. 从而 V_λ 也是 $\rho(t)$ 的不变子空间. 于是 V_λ 为 V 的非平凡子表示, 与 V 不可约矛盾. 故 $\rho(s)$ 都是数乘变换, V 的每个真子空间都是子表示. 由 V 不可约知 $\dim V = 1$. □

我们在后文中还会从不同的角度来解释上述结论. 值得注意的是, 上述证明对无限的 Abel 群也是适用的, 但对于无穷维表示不适用.

我们再来看一些非一维的不可约表示的例子.

例 2.3.8　设 (ρ, V) 为 G 的二维表示, 且 $\rho(G)$ 不是交换群, 则 (ρ, V) 是不可约表示.

证　如果 V 可约, 则完全可约, 故可以分解为两个一维表示的直和. 于是 $\rho(G)$ 中所有矩阵都可以同时对角化, 自然可交换, 矛盾. □

例 2.3.9　在例 2.2.7 中, S_n $(n > 1)$ 的置换表示是可约的, 它的一个子表示是 $W = \operatorname{Span}\{e_1 + e_2 + \cdots + e_n\}$, 其补子表示为

$$W' = \{a_1e_1 + a_2e_2 + \cdots + a_ne_n | a_1 + a_2 + \cdots + a_n = 0, a_i \in \mathbb{F}\},$$

且 W' 是不可约的, 称 W' 为 S_n 的**约减表示**.

证　设 U 是 V 的非平凡不可约子表示, 且 $W \neq U$, 则存在 $\alpha = a_1e_1 + a_2e_2 + \cdots + a_ne_n$, 使得 $a_1, a_2, \cdots, a_n$ 不全相等, 不妨设 $a_1 \neq a_2$. 对于 $\sigma = (12) \in S_n$, 有 $\sigma\alpha - \alpha = (a_2 - a_1)(e_1 - e_2) \in U$, 从而 $e_1 - e_2 \in U$. 进一步有 $e_i - e_{i+1} \in U$, $i = 2, 3, \cdots, n-1$. 容易看出 $e_1 - e_2, e_2 - e_3, \cdots, e_{n-1} - e_n$ 为 W' 的一组基, 故 $W' \subseteq U$. 由于 $\dim W' = n - 1$, 则有 $U = W'$. □

现在我们可以把线性空间和线性变换的张量积应用到表示中.

定义 2.3.10　设 (ρ, V), (ρ', V') 为 G 的表示. 在 V 和 V' 的张量积 $V \otimes V'$ 上定义

$$\rho \otimes \rho'(s)(v \otimes v') = \rho(s)v \otimes \rho'(s)v'.$$

则 $\rho\otimes\rho'(s)\in \mathrm{GL}(V\otimes V')$. 容易验证 $(\rho\otimes\rho', V\otimes V')$ 为 G 的表示, 称为 (ρ, V) 和 (ρ', V') 的**张量积**.

如果 $(\rho', V')=(\rho, V)$, 则可以验证 S^2V 和 $\wedge^2 V$ 都是 $V\otimes V$ 的子表示.

张量积不仅可以构造某一个群的表示, 还可以得到群的直积的表示.

例 2.3.11 设 $(\rho, V), (\rho', V')$ 分别为群 G, G' 的表示, 则可以定义 $G\times G'$ 的表示 $(\rho\otimes\rho', V\otimes V')$ 为

$$(\rho\otimes\rho')(s, s')v\otimes v'=\rho(s)v\otimes\rho'(s')v'.$$

特别地, 当 $G=G'$ 时, $G\times G$ 的对角子群 $\Delta(G)=\{(s,s)|s\in G\}$ 与 G 同构, $\rho\otimes\rho'$ 限制在 $\Delta(G)$ 上即可得到 G 的张量积表示.

对于群的直积 $G\times G'$, 如下问题是自然的, 只是不容易处理, 需要再做一些准备工作.

问题 2.3.12 若 $(\rho, V), (\rho', V')$ 为群 G, G' 的不可约表示, $\rho\otimes\rho'$ 是不是 $G\times G'$ 的不可约表示?

在引理 1.4.4 我们建立了线性空间同构 $V^*\otimes V'\cong \mathrm{Hom}\,(V, V')$, 由于两者都是 G 的表示, 我们可以进一步验证这个线性同构实际上是表示的等价, 即我们有

引理 2.3.13 设 V 与 V' 为 G-模, 则有 G-模同构

$$\mathrm{Hom}\,(V, V')\cong V^*\otimes V'.$$

特别地, 上式中两个表示中的不动点集的维数一样, 即

推论 2.3.14 $\dim \mathrm{Hom}_G(V, V')=\dim(V^*\otimes V')^G$.

于是求缠结算子 $\mathrm{Hom}_G(V, V')$ 的问题可以转化为求 $V^*\otimes V'$ 在 G 作用下的不动点集 $(V^*\otimes V')^G$. 这是表示论中的不变量理论所研究的问题.

张量积的定义可以推广. 对任意线性空间 V, 定义 V 的 n 次张量积为

$$V^{\otimes 1}=V,\quad V^{\otimes n}=V\otimes V^{\otimes(n-1)},\quad n\geqslant 2.$$

设 (ρ, V) 是 G 的表示, 对任意 $v_1\otimes v_2\otimes\cdots\otimes v_n\in V^{\otimes n}$, 定义

$$\rho^{\otimes n}(s)(v_1\otimes v_2\otimes\cdots\otimes v_n)=\rho(s)v_1\otimes\rho(s)v_2\otimes\cdots\otimes\rho(s)v_n.$$

于是, $(\rho^{\otimes n}, V^{\otimes n})$ 为 G 的表示, 称为 (ρ, V) 的 n 次**张量积**表示.

第 3 章　特征标

我们现在开始进入不可约表示分类的研究, 相关工作是 Frobenius 在两三周之内完成的. 不过, 他的方法非常复杂, 计算量很大. Frobenius 的学生 Schur 用非常简洁的方式重写了整个理论, 不可约复特征标的正交关系也以一种非常自然的方式呈现出来了. 由于每一个不可约表示都是左正则表示的子表示, 左正则表示的分解就显得非常重要, 这是本章的一个关键环节, 也是第 5 章的出发点.

3.1　Schur 引理

从现在起, 我们来研究有限群 G 的不可约表示的分类. 具体而言, 我们需要解决如下问题.

问题 3.1.1　什么样的表示是不可约的? 如何判别两个不可约表示是否等价? 有限群的互不等价的不可约表示有多少个? 如何求出所有不等价的不可约表示? 不可约表示又有哪些应用?

对于前两个问题, Schur 给出了很简洁的判别法则.

引理 3.1.2 (Schur 引理)　设 $(\rho, V), (\rho', V')$ 为 G 的有限维不可约表示.

(1) 若 ρ, ρ' 不等价, 则 $\mathrm{Hom}_G(V, V') = \{0\}$;

(2) $\mathrm{Hom}_G(V, V)$ 为一个体 (或称除环);

(3) 若 $\mathbb{F}$ 是代数闭域, 则

$$\mathrm{Hom}_G(V, V) = \{\lambda\, \mathrm{id} \,|\, \lambda \in \mathbb{F}\} \cong \mathbb{F}.$$

特别地, 若 $\mathbb{F} = \mathbb{C}$, 则 $\mathrm{Hom}_G(V, V) \cong \mathbb{C}$.

证　若 $\varphi \in \mathrm{Hom}_G(V, V')$, $\varphi \neq 0$, 则 $\mathrm{Ker}\,\varphi \neq V$ 且 $\mathrm{Im}\,\varphi \neq \{0\}$. 由于 $\mathrm{Ker}\,\varphi$ 和 $\mathrm{Im}\,\varphi$ 都是 G-不变的, 且 V 和 V' 都是不可约, 故 $\mathrm{Ker}\,\varphi = \{0\}$ 且 $\mathrm{Im}\,\varphi =$

V'. 从而 φ 是可逆的. 于是 (1) 成立, 且 $\mathrm{Hom}_G(V,V)$ 中任意非零元可逆. 又由于 $\mathrm{Hom}_G(V,V)$ 有自然的环结构, 且包含 $\lambda\mathrm{id}_V$, $\lambda\in\mathbb{F}$, 故 $\mathrm{Hom}_G(V,V)$ 为 $\mathbb{F}$ 上的体. 故 (2) 成立. 当 $\mathbb{F}$ 为代数闭域时, 对任意 $\varphi\in\mathrm{Hom}_G(V,V)$, λ 为 φ 的特征值, 则 $\lambda\mathrm{id}-\varphi\in\mathrm{Hom}_G(V,V)$ 不可逆, 故有 $\lambda\mathrm{id}-\varphi=0$. 从而 (3) 得证. □

注记 3.1.3 值得注意的是, Schur 引理中并不要求 G 是有限群, 还可以推广到无穷维表示上去; 也不一定是群的表示, 在代数学的表示理论中, Schur 引理将以不同面貌出现, 但其本质相差不大, 都是在研究一些"不可约"的数学对象的关系时发挥作用.

此外, 若 (ρ,V) 是 G 的表示, 自然有 $\{\lambda\mathrm{id}\,|\lambda\in\mathbb{F}\}\subseteq\mathrm{Hom}_G(V,V)$. 将 $\mathbb{F}$ 与 $\{\lambda\ \mathrm{id}\,|\lambda\in\mathbb{F}\}$ 等同看待, 我们可以把 $\mathrm{Hom}_G(V,V)$ 自然地看作 $\mathbb{F}$ 上的线性空间. 因此也称 $\mathrm{Hom}_G(V,V)$ 为 $\mathbb{F}$ 上的一个体或除环.

特别地, 对于 Abel 群, 我们可以利用 Schur 引理给出引理 2.3.7 的新的证明.

例 3.1.4 Abel 群的任何有限维不可约复表示都是一维的.

证 由于 G 是 Abel 群, 则对任意 $s,t\in G$, $st=ts$. 对于任意有限维不可约表示 (ρ,V), 我们有 $\rho(s)\rho(t)=\rho(t)\rho(s)$, 即 $\rho(s)\in\mathrm{Hom}_G(V,V)$. 由 Schur 引理, 对任意 $s\in G$, $\rho(s)$ 都是数乘变换. 由 V 不可约可知 $\dim V=1$. □

如果 V 是可约的, 设 $V=W_1\oplus W_2$, 其中 W_1,W_2 均为非平凡子表示, 则在 W_1 上的投影算子 p 为不可逆的缠结算子. 于是我们有

推论 3.1.5 设 (ρ,V) 为有限群 G 的有限维 $\mathbb{F}$-表示, 则 V 不可约当且仅当 $\mathrm{Hom}_G(V,V)$ 为 $\mathbb{F}$ 上的体.

当 $\mathbb{F}\neq\mathbb{C}$ 时, $\mathrm{Hom}_G(V,V)$ 通常不一定为 $\{\lambda\ \mathrm{id}\,|\lambda\in\mathbb{F}\}\cong\mathbb{F}$, 它自然包含 $\mathbb{F}$, 即为 $\mathbb{F}$-线性空间. 特别地, 当 $\mathbb{F}=\mathbb{R}$ 时, 我们有

定理 3.1.6 (Frobenius) 实数域上的有限维体为实数域、复数域和四元数体.

四元数体通常记为 $\mathbb{H}$, 是四维实线性空间, $\mathbf{1},\boldsymbol{i},\boldsymbol{j},\boldsymbol{k}$ 为其一组基, 满足

$$\boldsymbol{i}^2=\boldsymbol{j}^2=\boldsymbol{k}^2=\boldsymbol{ijk}=-\mathbf{1}.$$

Hamilton 历时数年苦苦思索寻求复数的推广. 1843 年 10 月 16 日, 他经过都柏林的 Brougham 桥时灵光乍现, 想到了上面这个公式, 并按捺不住激动的心情把这个公式刻在了桥上.

于是, $\mathbb{H}=\{a+b\boldsymbol{i}+c\boldsymbol{j}+d\boldsymbol{k}|a,b,c,d\in\mathbb{R}\}$. 又 $a+b\boldsymbol{i}+c\boldsymbol{j}+d\boldsymbol{k}=(a+b\boldsymbol{i})+(c+d\boldsymbol{i})\boldsymbol{j}$, 记 $\alpha=a+b\boldsymbol{i},\beta=c+d\boldsymbol{i}$, 则四元数与复数对 (α,β) 对应. 更自然的实现方式是对应于如下矩阵:

$$\left\{\left(\begin{array}{cc}\alpha & \beta \\ -\overline{\beta} & \overline{\alpha}\end{array}\right)\middle|\, \alpha, \beta \in \mathbb{C}\right\}. \tag{3.1}$$

可以验证上述矩阵集合是 $\mathbb{R}$ 上的四维体, 且与 $\mathbb{H}$ 同构. 此时, 令

$$\begin{aligned} \boldsymbol{1} &= \begin{pmatrix} 1 & 0 \\ 0 & 1 \end{pmatrix}, \quad \boldsymbol{i} = \begin{pmatrix} \sqrt{-1} & 0 \\ 0 & -\sqrt{-1} \end{pmatrix}, \\ \boldsymbol{j} &= \begin{pmatrix} 0 & 1 \\ -1 & 0 \end{pmatrix}, \quad \boldsymbol{k} = \begin{pmatrix} 0 & \sqrt{-1} \\ \sqrt{-1} & 0 \end{pmatrix}, \end{aligned} \tag{3.2}$$

即可与第一种实现方式对应.

证 设 A 为 $\mathbb{R}$ 上的 n 维体, 不妨将其单位元生成的一维子空间等同于 $\mathbb{R}$, 即 $\mathbb{R} \subseteq A$. 对任意 $a \in A$, 定义 A 上的**左乘变换** $L_a : A \to A$ 为 $L_a(b) = ab$. 容易验证 $L_a \in \mathrm{End}\,(A)$, 因此有映射

$$L : A \to \mathrm{End}\,(A), \quad L(a) = L_a.$$

由于 A 中非零元都可逆, 因此当 $a \neq 0$ 时, L_a 都是可逆的. 如果 $\lambda \in \mathbb{R}$ 为 L_a 的特征值, $L(a-\lambda) = L_a - \lambda \mathrm{id}$ 不可逆. 于是 $a = \lambda$. 如果 $c + d\sqrt{-1} \in \mathbb{C}$ $(d \neq 0)$ 为 L_a 的特征值, 则 $-d^2$ 为 $L(a-c)^2 = (L_a - c\,\mathrm{id}\,)^2$ 的特征值, 于是 $(a-c)^2 = -d^2$. 令

$$V = \{x \in A | x^2 \leqslant 0\}.$$

故任意 $a \in A$ 都可以唯一分解为 $a = c + x$, 其中 $c \in \mathbb{R}$, $x \in V$. 于是 $\mathrm{tr}\,(L_a) = c \dim A + \mathrm{tr}\,(L_x)$. 对任意 $x \in V$, L_x 的特征值都是纯虚数, 且复特征值成对出现, 因此 $\mathrm{tr}\,(L_x) = 0$. 因此我们有

$$V = \{x \in A | \mathrm{tr}\,(L_x) = 0\}.$$

从而 V 为 A 的子空间, 且 $\dim V = \dim A - 1$, 即 $A = \mathbb{R} \oplus V$. 对任意 $x, y \in V$, 定义

$$B(x,y) = -\frac{1}{2}(xy + yx) = -\frac{1}{2}((x+y)^2 - x^2 - y^2).$$

则 $B(x,y)$ 为 V 上的对称双线性函数, 且由 $B(x,x) = -x^2 \geqslant 0$ 可知 $B(x,y)$ 正定, 即为 V 上的内积. 如果 $n = 1$, 则 $A = \mathbb{R}$. 如果 $n > 1$, 取 V 的一组标准正交基 $e_1, e_2, \cdots, e_{n-1}$. 由 $B(x,y)$ 的定义知 $e_i^2 = -1$, 且 $i \neq j$ 时 $e_ie_j = -e_je_i$. 当 $n = 2$ 时容易得到 $A \cong \mathbb{C}$. 当 $n \geqslant 3$ 时, 容易验证 $(e_1e_2)^2 = -1$, 故 $e_1e_2 \in V$,

$B(e_1e_2, e_1e_2) = 1$, 且 $B(e_1e_2, e_1) = B(e_1e_2, e_2) = 0$. 不妨设 $e_3 = e_1e_2$. 当 $n \geqslant 5$ 时, 则由

$$e_3e_4 = (e_1e_2)e_4 = e_1(e_2e_4) = e_4(e_1e_2) = e_4e_3$$

及 $e_3e_4 = -e_4e_3$ 可知 $e_3e_4 = 0$. 这与 A 为体矛盾. 故 $n = 4$, 且 A 的一组基为 $\{1, e_1, e_2, e_3\}$ 满足 $e_1^2 = e_2^2 = e_3^2 = e_1e_2e_3 = -1$, 即 $A \cong \mathbb{H}$. □

我们来计算一些实表示的缠结算子.

例 3.1.7 (1) 设 $G = \{\pm 1\}$, $V = \mathbb{R}$ 为 G 的自然的一维实表示, 则

$$\mathrm{Hom}_G(V, V) \cong \mathbb{R}.$$

(2) 设 $G = \{\pm 1, \pm\sqrt{-1}\}$, 将 $V = \mathbb{C}$ 看作二维实线性空间, 则复数乘法自然定义了 G 在 V 上的表示, 该表示是不可约的, 且

$$\mathrm{Hom}_G(V, V) \cong \mathbb{C}.$$

(3) 设 $G = Q_8 = \{\pm\mathbf{1}, \pm\boldsymbol{i}, \pm\boldsymbol{j}, \pm\boldsymbol{k}\}$ 为**四元数群**, $V = \mathbb{H}$ 为四元数体, 则 G 在 V 上的自然表示不可约, 且

$$\mathrm{Hom}_G(V, V) \cong \mathbb{H}.$$

证 这三个例子都可以看作 $\mathbb{R}$ 上的体在其自身上的自然的左乘作用得到的表示限制在其有限子群上. 以 $\mathbb{H}$ 为例, 由于 G 中包含 V 的一组基 $\mathbf{1}, \boldsymbol{i}, \boldsymbol{j}, \boldsymbol{k}$. 对于任意 V 的任何非零子表示 W 中非零元 $q = a + b\boldsymbol{i} + c\boldsymbol{j} + d\boldsymbol{k}$, 有 $\boldsymbol{i}q, \boldsymbol{j}q, \boldsymbol{k}q \in W$, 故 $aq - b\boldsymbol{i}q - c\boldsymbol{j}q - d\boldsymbol{k}q = (a - b\boldsymbol{i} - c\boldsymbol{j} - d\boldsymbol{k})q = a^2 + b^2 + c^2 + d^2 \in W$. 从而 $\mathbf{1} \in W$, 故 $W = \mathbb{H}$.

注意到体满足结合律, 而结合律等价于其中的左乘和右乘变换可交换, 即对任意 $a, b \in V$, 令 $L_a(b) = ab = R_b(a)$, 则 $L_a, R_b \in \mathrm{End}(V)$ 且 $L_aR_b = R_bL_a$. 因此 $\{R_b | b \in V\} \subseteq \mathrm{Hom}_G(V, V)$. 再考虑到维数不难得到结论. □

当然上述例子都可以直接验证.

注记 3.1.8 上述例子中的 $V = \mathbb{H}$ 情形给出了 $\mathbb{H}$ 的另外一种实现方式, 即实现为四阶的实矩阵.

从 Schur 引理和以上例子可以看出, 复数域上的不可约表示的研究相对容易一些, 当然其中的很多方法稍作调整也可以应用到其他域的情形. 如无特殊说明, 本书余下部分提到的表示都是指复表示. Schur 引理是研究复表示的一个很好的起点. 历史上, Schur 正是以此为出发点重新建立了 Frobenius 的特征标理论.

3.2 第一正交关系

我们现在体验一下简单的 Schur 引理在表示论中起到的关键作用. 利用 Schur 引理我们有

引理 3.2.1 设 (ρ, V), (ρ', V') 为 G 的不可约表示, $\varphi \in \mathrm{Hom}\,(V, V')$. 令

$$\varphi_0 = \frac{1}{|G|}\sum_{s\in G}\rho'(s)\varphi\rho(s)^{-1},$$

则

(1) $\varphi_0 \in \mathrm{Hom}_G(V, V')$;

(2) 若 V 与 V' 不等价, 则 $\varphi_0 = 0$;

(3) 若 $(\rho, V) = (\rho', V')$ 为复表示, $\dim V = n$, 则 $\varphi_0 = \dfrac{1}{n}\mathrm{tr}\,(\varphi)\mathrm{id}$.

证 (1) 对任意 $t \in G$, 有

$$\begin{aligned}\rho'(t)\varphi_0\rho(t)^{-1} &= \rho'(t)\frac{1}{|G|}\sum_{s\in G}\rho'(s)\varphi\rho(s)^{-1}\rho(t)^{-1}\\ &= \frac{1}{|G|}\sum_{s\in G}\rho'(t)\rho'(s)\varphi\rho(s)^{-1}\rho(t)^{-1}\\ &= \frac{1}{|G|}\sum_{s\in G}\rho'(ts)\varphi\rho(ts)^{-1}\\ &= \frac{1}{|G|}\sum_{s\in G}\rho'(s)\varphi\rho(s)^{-1}\\ &= \varphi_0,\end{aligned}$$

故 $\varphi_0 \in \mathrm{Hom}_G(V, V)$.

(2) 是显然的.

(3) 由 $\varphi_0 \in \mathrm{Hom}_G(V, V)$, 故存在 $\lambda \in \mathbb{C}$, 使得 $\varphi_0 = \lambda\mathrm{id}$, 于是

$$\mathrm{tr}\,(\varphi_0) = \lambda\dim V = n\lambda.$$

另一方面

$$\mathrm{tr}\,(\varphi_0) = \frac{1}{|G|}\sum_{t\in G}\mathrm{tr}\,(\rho(t)\varphi\rho(t)^{-1}) = \frac{1}{|G|}\sum_{t\in G}\mathrm{tr}\,(\varphi) = \mathrm{tr}\,(\varphi).$$

故 $\lambda = \dfrac{1}{n}\mathrm{tr}\,(\varphi)$, 从而 $\varphi_0 = \dfrac{1}{n}\mathrm{tr}\,(\varphi)\mathrm{id}$. □

注记 3.2.2 需要注意的是, 上述引理 (3) 的证明中必须要求 (ρ, V) 是复表示 (或者是代数闭域上的表示), 一般情况下缠结算子不一定是数乘变换, 从而会比较麻烦. 下文不做特别说明, 所考虑的表示都是复表示.

为了具体的表述上述关系, 我们需要采用矩阵形式. 在 V, V' 上分别取定 G-不变 (酉) 内积及 V, V' 的一组标准正交基

$$\varepsilon_1, \varepsilon_2, \cdots, \varepsilon_n, \quad \eta_1, \eta_2, \cdots, \eta_m,$$

则 $\rho(t)$, $\rho'(t)$, φ 和 φ_0 对应的矩阵分别为

$$(\rho_{kl}(t)), \quad (\rho'_{ij}(t)), \quad A = (a_{jk}), \quad A_0 = (a^0_{jk}),$$

其中 $(\rho_{kl}(t)) \in \mathrm{U}(n), (\rho'_{ij}(t)) \in \mathrm{U}(m)$ 都是酉矩阵, $\rho_{kl}(t), \rho'_{ij}(t)$ 分别称为表示 ρ, ρ' 的**矩阵系数**. 而 $A, A_0 \in \mathbb{C}^{m\times n}$ 满足

$$\varphi(\varepsilon_1, \varepsilon_2, \cdots, \varepsilon_n) = (\eta_1, \eta_2, \cdots, \eta_m)A,$$
$$\varphi_0(\varepsilon_1, \varepsilon_2, \cdots, \varepsilon_n) = (\eta_1, \eta_2, \cdots, \eta_m)A_0.$$

于是我们有

$$a^0_{ik} = \frac{1}{|G|}\sum_{t,j,l} \rho'_{ij}(t)a_{jl}\rho_{lk}(t^{-1}) = \frac{1}{|G|}\sum_{t,j,l} \rho'_{ij}(t)a_{jl}\overline{\rho_{kl}(t)}.$$

设 $E_{ij} \in \mathbb{C}^{m\times n}$ 为第 i 行第 j 列为 1, 其他元素为 0 的矩阵. 取 φ 使得 $A = E_{jl}$, 则有

$$a^0_{ik} = \frac{1}{|G|}\sum_{t\in G} \rho'_{ij}(t)\overline{\rho_{kl}(t)}, \tag{3.3}$$

由于 $\rho_{kl}(t)$ 和 $\rho'_{ij}(t)$ 都是 G 上的复值函数, 为了方便, 我们引入如下定义.

定义 3.2.3 设 $C(G)$ 为 G 上所有复值函数 $f: G \to \mathbb{C}$ 的全体, 则 $C(G)$ 是一个复线性空间, 维数为 $|G|$. 对任意 $\phi, \psi \in C(G)$, 令

$$(\phi, \psi) = \frac{1}{|G|}\sum_{t\in G} \phi(t)\overline{\psi(t)}.$$

则 (ϕ, ψ) 为 $C(G)$ 上的酉内积, 从而 $C(G)$ 为一个酉空间.

于是 (3.3) 可简记为

$$a^0_{ik} = (\rho'_{ij}(t), \rho_{kl}(t)).$$

当 (ρ,V) 和 (ρ',V') 为 G 的不等价的不可约表示时, 自然有 $A_0=0$, 即 $a_{ik}^0=0$. 当 (ρ,V) 与 (ρ',V') 等价时, 不妨设 $(\rho,V)=(\rho',V')$, 则 $A_0=\dfrac{1}{n}\mathrm{tr}\,(E_{jl})I_n=\dfrac{1}{n}\delta_{jl}I_n$. 于是 $a_{ik}^0=\dfrac{1}{n}\delta_{jl}\delta_{ik}$. 因此我们得到了

命题 3.2.4 设 (ρ,V) 和 (ρ',V') 为 G 的不等价的不可约表示, 则

$$(\rho_{ij}(t),\rho'_{kl}(t))=0,\quad (\rho_{ij}(t),\rho_{kl}(t))=\frac{1}{\dim V}\delta_{ik}\delta_{jl}.$$

也就是说, 不可约表示的矩阵系数是两两正交的.

需要注意的是, 表示的矩阵系数是依赖于基的选取的. 不过, 考虑表示 (ρ,V) 的矩阵系数生成的 $C(G)$ 的子空间 $C_V(G)$. 容易得到, $C_V(G)$ 是不依赖于表示空间的基的选取的. 进一步, 我们有

引理 3.2.5 设 $(\rho,V),(\rho',V')$ 为 G 的不可约表示. 若 $(\rho,V)\cong(\rho',V')$, 则 $C_V(G)=C_{V'}(G)$; 若 (ρ,V) 与 (ρ',V') 不等价, 则 $C_V(G)$ 与 $C_{V'}(G)$ 正交.

有限群 G 的不可约表示的等价类, 被其矩阵系数张成的函数空间所决定, 这为我们判断不可约表示的等价性提供了新的工具. 不过, 考虑整个函数空间并不方便, 我们需要寻找其中易于使用的不变量. 这样的不变量应该是矩阵系数 $\rho_{ij}(t)$ 的线性组合, 不过在不同基下矩阵系数是不同的, 因此需要的是不依赖于基的选取的不变量. 如下引理表明我们的选择余地不大. 其证明不难, 留给读者.

引理 3.2.6 设 $\mathbb{C}^{n\times n}$ 上的线性函数 f 满足对任意 $T,A\in\mathbb{C}^{n\times n}$, 其中 T 可逆, 都有 $f(TAT^{-1})=f(A)$, 则存在常数 $c\in\mathbb{C}$ 使得 $f(A)=c\,\mathrm{tr}\,(A)$.

于是如下定义的提出就顺理成章了.

定义 3.2.7 设 (ρ,V) 为 G 的 n 维表示, 称

$$\chi_\rho(s)=\mathrm{tr}\,(\rho(s))=\sum_{i=1}^n\rho_{ii}(s)$$

为 ρ 的**特征标**. 其中不可约表示的特征标简称为**不可约特征标**.

设 $n=\dim V$, 自然有 $\chi(1)=\mathrm{tr}\,(\rho(1))=n$. 对于一般的 $s\in G$, $\chi_\rho(s)$ 为 $\rho(s)$ 的所有特征值之和. 我们慢慢会看到: 这个简单的不变量蕴含了丰富的内涵. 首先从如下简单但常用的性质入手.

命题 3.2.8 设 χ 为表示 (ρ,V) 的特征标, 则

(1) $\chi(t^{-1})=\overline{\chi(t)}$, 特别地, 如果 t 与 t^{-1} 共轭, 则 $\chi(t)\in\mathbb{R}$;

(2) 对任意 $s,t\in G$ 有 $\chi(sts^{-1})=\chi(t)$.

称满足上述性质 (2), 或者等价地, 满足 $f(st)=f(ts)$ 的 G 的函数为**类函数**.

所有类函数的全体构成 $C(G)$ 的子空间, 记为 $\mathcal{H}$. 自然, 特征标都是类函数. 类函数是在 G 的同一个共轭类上取值相同的函数, 因此可以看作是 G 的共轭类空间上的函数. 考虑在某个共轭类上取值为 1, 其他共轭类上取值为 0 的函数, 容易得到

引理 3.2.9 记 $\mathrm{Conj}\,(G)$ 为有限群 G 的共轭类的全体, 则 $\dim \mathcal{H} = |\mathrm{Conj}\,(G)|$.

再来看一些特殊表示的特征标, 证明是容易的, 留给读者.

命题 3.2.10 设 χ, χ' 为 $(\rho, V), (\rho', V')$ 的特征标, 则

(1) $\chi_{\rho\oplus\rho'} = \chi + \chi'$;　　(2) $\chi_{\rho^*} = \overline{\chi}$;

(3) $\chi_{\rho\otimes\rho'} = \chi \cdot \chi'$;　　(4) $\chi_{\mathrm{Hom}\,(V,V')} = \overline{\chi}\chi'$.

对于上面的张量积情形我们还可以考虑更一般的情况, 证明类似.

引理 3.2.11 设 (ρ, V), (π, W) 分别为群 G, H 的表示, 则 $(\rho\otimes\pi, V\otimes W)$ 是 $G\times H$ 的表示, 且

$$\chi_{\rho\otimes\pi}(g,h) = \chi_\rho(g)\chi_\pi(h), \quad \forall (g,h)\in G\times H.$$

从上面的讨论可以看出, 表示的特征标反映了表示的一些特点, 但它是否就能区分不同的表示呢? 换句话说, 特征标与表示是否一一对应? 利用特征标和表示等价的定义我们有

命题 3.2.12 若 G 的表示 (ρ, V) 与 (π, W) 等价, 则 $\chi_\rho = \chi_\pi$.

问题是不等价的表示是否有相同的特征标呢? 我们先考虑不可约表示情形.

定理 3.2.13 若 χ, χ' 为群 G 的两个不等价的不可约表示的特征标, 则

$$(\chi, \chi) = (\chi', \chi') = 1, \quad (\chi, \chi') = 0.$$

证 设 χ, χ' 分别为不可约表示 ρ, ρ' 的特征标, 其维数分别为 n, m, 则利用命题 3.2.4 中矩阵系数的正交关系可得

$$(\chi,\chi) = \left(\sum_{i=1}^n \rho_{ii}(s), \sum_{j=1}^n \rho_{jj}(s)\right) = \sum_{i=1}^n (\rho_{ii}(s), \rho_{ii}(s)) = 1;$$

$$(\chi,\chi') = \left(\sum_{i=1}^n \rho_{ii}(s), \sum_{k=1}^m \rho'_{kk}(s)\right) = 0. \qquad \square$$

于是, 所有不可约特征标构成 $C(G)$ 的一组标准正交向量. 由于特征标都是类函数, 不可约特征标的全体就是类函数空间 $\mathcal{H}$ 的标准正交向量组, 我们很快就可以证明它们构成 $\mathcal{H}$ 的一组标准正交基.

例 3.2.14 设 $G=\{1,x,\cdots,x^{n-1}\}$ 为 n 阶循环群, $\omega=\mathrm{e}^{\frac{2\pi\sqrt{-1}}{n}}$, 则 $\rho_i(x)=\omega^i$, $i=0,1,\cdots,n-1$ 都是 G 的一维表示. 它们两两不同, 自然彼此不等价. 这些不可约表示的特征标就是群的特征, 其正交关系实际上就是命题 2.1.12.

思考题 3.2.15 记 $A=(\chi_i(x^j))$, 试计算 $A\overline{A}'$.

由不可约特征标的正交关系可以看出, 不可约特征标在等价意义下的确唯一确定了一个不可约表示. 记 $\widehat{G}=\{\chi_1,\chi_2,\cdots,\chi_h\}$ 为 G 的所有不可约特征标的全体, 则

$$|\widehat{G}|=h\leqslant\dim C(G)=|G|.$$

设 G 的表示 (ρ_i,W_i) 的特征标为 χ_i, 维数为 $n_i=\chi_i(1)$, $i=1,2,\cdots,h$, 也记为 $\widehat{G}=\{(\rho_1,W_1),(\rho_2,W_2),\cdots,(\rho_h,W_h)\}$. 准确地说, 这里用的是不可约表示的等价类, 为了方便起见, 我们在每个等价类中选取一个代表元来组成 $\widehat{G}$, 从而对于每一个不可约表示, $\widehat{G}$ 中有且仅有一个元素与其等价. 我们关心的是表示在等价意义下的分类问题, 在一般情况下对于等价的表示不加区分.

现在考虑有限群 G 的一般表示. 由于 G 的每一个有限维表示 V 都是完全可约的, 即 V 可以写成一些不可约表示的直和, 其中出现的不可约子表示自然与 $\widehat{G}$ 中某个元素等价. 对于非负整数 m, W 为线性空间, 记

$$mW=\underbrace{W\oplus\cdots\oplus W}_{m\text{ 个}}.$$

这样, 对于 G 的任何有限维表示 V, 存在非负整数 $m_1,m_2,\cdots,m_h$ 使得

$$V=m_1W_1\oplus m_2W_2\oplus\cdots\oplus m_hW_h. \tag{3.4}$$

故 $\chi_V=m_1\chi_1+m_2\chi_2+\cdots+m_h\chi_h$. 利用不可约特征标的正交关系, 从而有

$$m_i=(\chi_V,\chi_i). \tag{3.5}$$

也就是说 V 的分解式 (3.4) 中的系数 $m_1,m_2,\cdots,m_h$ 是由 V 唯一确定的, 称为 $W_1,W_2,\cdots,W_h$ 在 V 中的**重数**. 当重数 $m_i>0$ 时, 称表示 W_i 在 V 中**出现**.

例 3.2.16 设 G 的表示 (ρ,V) 的特征标为 χ, 则平凡表示在 V 中出现的重数为 $(\chi,1)=\dfrac{1}{|G|}\sum\limits_{t\in G}\chi(t)$. 这个重数实际上就是 G 在 V 中的不动点集

$$V^G=\{v\in V|\rho(s)v=v,\forall s\in G\}$$

的维数. 由此, 如果 V 不可约, 则有如下结论.

(1) $\dim(V^*\otimes V)^G=1$.

这是因为

$$(\chi_{V^*\otimes V},1)=(\chi\overline{\chi},1)=(\chi,\chi)=1.$$

另一种看法是: $V^*\otimes V\cong \mathrm{Hom}\,(V,V)$, 因此

$$(V^*\otimes V)^G=\mathrm{Hom}\,(V,V)^G=\mathrm{Hom}_G(V,V).$$

故由 Schur 引理可得结论.

(2) $\dim(V\otimes V)^G\leqslant 1$.

因为 $(\chi_{V\otimes V},1)=(\chi^2,1)=(\chi,\overline{\chi})$, 利用二者的不可约性即得结论. 进一步, 当且仅当 $V\cong V^*$, 即 $\chi=\overline{\chi}$ 时, $\dim(V\otimes V)^G=1$.

于是有

定理 3.2.17 表示 V 的分解 (3.4) 在等价意义下是唯一的, 且每个不可约表示在 V 中的重数由其特征标唯一确定.

当然, 上述定理可以不用特征标来证明, 不可约表示的重数也不需要用特征标来表示. 实际上, 我们有

注记 3.2.18 利用推论 2.3.14, 不可约表示 W_i 在 V 中的重数为

$$m_i=\dim\mathrm{Hom}_G(W_i,V)=\dim(W_i^*\otimes V)^G.$$

如在例 3.2.16 中平凡表示出现的重数还可以表示为

$$\dim\mathrm{Hom}_G(\mathbb{C},V)=\dim V^G.$$

这里 $\mathbb{C}$ 是 G 的平凡表示.

利用表示分解的唯一性, 我们自然有

推论 3.2.19 特征标相等的两个表示等价.

进一步, 设 $V=\sum\limits_{i=1}^h m_iW_i$, 则 $\chi_V=\sum\limits_{i=1}^h m_i\chi_i$, 且 $(\chi_V,\chi_V)=\sum m_i^2$. 于是有

定理 3.2.20 (χ_V,χ_V) 是正整数, 且 $(\chi_V,\chi_V)=1$ 当且仅当 V 不可约.

这样, 再利用命题 3.2.10 中表示的特征标的关系, 我们可以得到不可约表示的一些判别方法.

推论 3.2.21 设 (ρ,V) 为 G 的表示.

(1) ρ 不可约当且仅当 ρ^* 不可约;

(2) 设 ρ' 为 G 的一维表示, 则 ρ 不可约当且仅当 $\rho\otimes\rho'$ 不可约. 特别地, $\rho\cong\rho\otimes\rho'$ 当且仅当 $\chi_\rho=\chi_\rho\chi_{\rho'}$.

上述推论将会为我们构造新的不可约表示或计算不可约特征标提供方便. 例

如, 若 $\rho \cong \rho \otimes \rho'$, 而对于某些 $s \in G$ 有 $\rho'(s) \neq 1$, 则 $\rho(s) = 0$.

对于群的张量积, 我们也可以得到其不可约表示, 这就部分回答了之前的问题 2.3.12.

定理 3.2.22 设 (ρ, V), (π, W) 分别为群 G, H 的不可约表示, 则 $(\rho\otimes\pi, V\otimes W)$ 是 $G \times H$ 的不可约表示. 如果 (ρ, V), (ρ', V') 为 G 的不可约表示, (π, W), (π', W') 为 H 的不可约表示, 则 $\rho \otimes \pi \cong \rho' \otimes \pi'$ 当且仅当 $\rho \cong \rho'$, $\pi \cong \pi'$.

证 利用引理 3.2.11 有

$$
\begin{aligned}
(\chi_{\rho\otimes\pi}, \chi_{\rho\otimes\pi}) &= \sum_{(g,h)\in G\times H} \chi_\rho(g)\chi_\pi(h)\overline{\chi_\rho(g)\chi_\pi(h)} \\
&= \sum_{g\in G} \chi_\rho(g)\overline{\chi_\rho(g)} \sum_{h\in H} \chi_\pi(h)\overline{\chi_\pi(h)} \\
&= (\chi_\rho, \chi_\rho)(\chi_\pi, \chi_\pi) \\
&= 1.
\end{aligned}
$$

因此, $\rho \otimes \pi$ 为 $G \times H$ 的不可约表示. 进一步, $\rho \otimes \pi \cong \rho' \otimes \pi'$ 当且仅当 $\chi_{\rho\otimes\pi} = \chi_{\rho'\otimes\pi'}$, 当且仅当 $\chi_\rho(s)\chi_\pi(t) = \chi_{\rho'}(s)\chi_{\pi'}(t)$ $(s, t \in G)$, 当且仅当 $\chi_\rho = \chi_{\rho'}$ 且 $\rho_\pi = \chi_{\pi'}$, 当且仅当 $\rho \cong \rho'$ 且 $\pi \cong \pi'$. □

自然我们有如下问题.

问题 3.2.23 是否任何 $G \times H$ 的不可约表示都是 G 和 H 的不可约表示的张量积?

3.3 左正则表示

前文曾经提到左正则表示在 Frobenius 求群行列式的过程中起到关键作用. 现在可以利用特征标及 Schur 正交关系来研究这个表示. 设 $(R, \mathbb{C}G)$ 为 G 的左正则表示, 其中, $\mathbb{C}G$ 为复线性空间, G 中的元素为其一组基. 对任意 $t, s \in G$, $R(t)s = ts$. 下面的问题告诉我们左正则表示与群行列式的关系.

思考题 3.3.1 设 $G = \{s_1, s_2, \cdots, s_n\}$, $R(s_i) \in \operatorname{End}(\mathbb{C}G)$ 在基 $s_1, s_2, \cdots, s_n$ 下的矩阵为 A_i. 容易看出 A_i 为置换矩阵. 进一步, $A = \sum\limits_{i=1}^{n} x_i A_i$ 为 G 的一个群矩阵, $|A|$ 即为群行列式 D_G.

从表示论角度来看, 左正则表示的地位也是显著的. 对不可约表示 (ρ, W) 中任意非零元素 w, 考虑 W 的子空间

$$U=\operatorname{Span}\{\rho(s)w|s\in G\},$$

我们有

引理 3.3.2 U 为 W 的 G-不变子空间, 从而 $U=W$.

证 对任意 $\alpha=\sum\limits_{s\in G}a_s\rho(s)w\in U$ 有

$$\rho(t)\alpha=\sum_{s\in G}a_s\rho(t)\rho(s)w=\sum_{s\in G}a_s\rho(ts)w\in U.$$

故 U 为 G-不变的. 由于 W 不可约, $U\neq\{0\}$, 故 $U=W$. □

于是有映射

$$T:\mathbb{C}G\to W,\quad T(s)=\rho(s)w.$$

自然 T 是一个满线性映射, 且对任意 $t\in G$ 有

$$TR(t)(s)=T(ts)=\rho(ts)w=\rho(t)\rho(s)w=\rho(t)T(s).$$

于是 $TR(t)=\rho(t)T$, 即 $T\in\operatorname{Hom}_G(\mathbb{C}G,W)$. 故 $\operatorname{Ker}T$ 是 $\mathbb{C}G$ 的子表示. 由表示的完全可约性知存在 $\mathbb{C}G$ 的子表示 U 使得 $U\oplus\operatorname{Ker}T=\mathbb{C}G$. 因此作为 G-模有 $U\cong W$, 即我们有

引理 3.3.3 G 的任何不可约表示都在 $(R,\mathbb{C}G)$ 中出现.

由此将 $\mathbb{C}G$ 分解成不可约表示的直和

$$\mathbb{C}G=m_1W_1\oplus\cdots\oplus m_hW_h,$$

其中 m_i 都是正整数. 我们可以利用 (3.5) 来计算每个不可约表示在 $(R,\mathbb{C}G)$ 中的重数 m_i, 先需要求出 $(R,\mathbb{C}G)$ 的特征标. 注意到 $R(t)s=ts$, 故 $R(t)$ 在基 $\{s|s\in G\}$ 下的矩阵都是置换矩阵, 且若 $t\neq1$, $R(t)$ 的矩阵的对角线上都是 0. 于是我们有

引理 3.3.4 $\chi_R(t)=\begin{cases}|G|, & t=1,\\ 0, & t\neq1.\end{cases}$

这样, 我们就可以得到 W_i 在 $\mathbb{C}G$ 中出现的重数为

$$m_i=(\chi_R,\chi_i)=\frac{1}{|G|}\sum_{t\in G}\chi_R(t)\overline{\chi(t)}=\frac{1}{|G|}\chi_R(1)\chi(1)=\chi(1)=n_i.$$

由此, 我们得到一个非常惊人的结果.

命题 3.3.5 每个不可约表示 W_i 在 $\mathbb{C}G$ 中的重数等于 W_i 的维数 n_i, 即

$$\mathbb{C}G = n_1W_1 \oplus n_2W_2 \oplus \cdots \oplus n_hW_h. \tag{3.6}$$

现在可以来解释 Frobenius 关于群行列式的结果了 (见定理 2.1.16). 注意到群矩阵 X_G 有分解

$$X_G = \sum_{s\in G} x_sB_s, \tag{3.7}$$

此处的 B_s 不是别的, 恰好对应 G 的左正则表示 $(R, \mathbb{C}G)$ 中 $R(s)$ 在基 $s \in G$ 下的矩阵, 基的顺序与群行列式的定义一致. 由于左正则表示是完全可约的, 我们把 $\mathbb{C}G$ 分解称不可约表示的直和, 从而在适当的基下, $R(s)$ 的矩阵都成为准对角形, 每一块都自然对应于 G 的某个不可约表示. 因此, 只要证明如下结论即可.

思考题 3.3.6　设 (ρ, V) 是 G 的不可约表示, 则 $\sum\limits_{s\in G} x_s\rho(s)$ 的行列式是不可约多项式.

证明与主题无关, 留给读者, 我们回到正题. 计算 (3.6) 两边的维数可得到

定理 3.3.7　设 G 的所有不可约表示的维数为 $n_1, n_2, \cdots, n_h$, 则

$$|G| = \sum_{i=1}^{h} n_i^2.$$

上式是我们目前为止得到的关于不可约表示维数的第一个重要公式, 利用它我们可以得到群的一些表示的维数的信息, 甚至可能得到群的所有不可约表示. 后面我们还会证明另一个更惊人的结果: $n_i \,|\, |G|$ (参见定理 5.4.4).

例 3.3.8　(1) 若 G 为 Abel 群, 由命题 2.1.9 可知 G 的特征群 $\widehat{G} \cong G$, 自然 G 有 $|G|$ 个不等价的一维表示. 由定理 3.3.7 可知 G 没有其他维数的不可约表示了, 这些一维不可约表示已经是不可约表示的全体了. 这也是我们同时用 $\widehat{G}$ 表示 Abel 群的特征群和不可约表示的全体的原因.

(2) 对于最小的非 Abel 群 S_3, 我们知道 S_3 有一个一维平凡表示 ρ_1 和一维符号表示 ρ_2, 还有一个二维的约减表示 ρ_3. 而 $|S_3| = 6 = 1^2 + 1^2 + 2^2$, 故 $\widehat{S_3} = \{\rho_1, \rho_2, \rho_3\}$.

(3) 四元数群 $Q_8 = \{\pm\boldsymbol{1}, \pm\boldsymbol{i}, \pm\boldsymbol{j}, \pm\boldsymbol{k}\} \subset \mathbb{H}$ 的换位子群为 $\{\pm 1\}$, 故 $Q_8/\{\pm 1\}$ 为 Klein 群, 其 4 个一维表示给出了 Q_8 的所有一维表示. 利用定理 3.3.7 可知 Q_8 还有一个二维不可约表示. 而四元数的二阶复矩阵实现 (见 (3.1)) 给出了 Q_8 的一个自然的二维表示, 且容易验证这也是不可约的. 这就得到了 $\widehat{Q_8}$.

正则表示空间是我们强行构造的空间, 在有限群上操作没有问题. 对于无限群如 $\mathrm{GL}(n, \mathbb{R})$ 等, 这样的构造方式不是很合理. 我们换一种比较自然的观点来解释.

记 G 上所有复值函数的全体为 $C(G)$, 则 G 上的左乘和右乘作用自然地诱导了 G 在 $C(G)$ 上的作用 $(l, C(G))$ 和 $(r, C(G))$. 为了简便, 我们记

$$l_t = l(t), \quad r_t = r(t),$$

其定义为

$$(l_t f)(s) = f(t^{-1}s), \quad (r_t f)(s) = f(st).$$

需要注意的是, $f(s)$ 表示函数 f 在 s 处的取值, 不能定义为 $(l_t f)(s) = f(ts)$, 否则我们有

$$(l_u(l_t f))(s) = (l_t f)(us) = f(tus) = (l_{tu} f)(s).$$

于是 $l_u l_t = l_{tu}$, l 是反同态而不是同态. 参见对偶表示的定义.

容易验证 l_t, r_t 都是 $C(G)$ 上的可逆线性变换, 从而 $(l, C(G)), (r, C(G))$ 是 G 的两个表示. 我们有

定理 3.3.9 设 G 是有限群, 则 $(l, C(G))$ 和 $(r, C(G))$ 都等价于 G 的左正则表示 $(R, \mathbb{C}G)$.

证 首先, 定义 $C(G)$ 上变换为 $(Tf)(s) = f(s^{-1})$, 容易验证 T 是一个可逆线性变换. 对任意 $t \in G$ 有

$$(T(l_t f))(s) = (l_t f)(s^{-1}) = f(t^{-1}s^{-1});$$

$$(r_t(Tf))(s) = (Tf)(st) = f((st)^{-1}) = f(t^{-1}s^{-1}).$$

故对任意 $t \in G$ 有 $Tl_t = r_t T$, 即 T 是 $(l, C(G))$ 到 $(r, C(G))$ 的缠结算子. 从而 $(l, C(G)) \cong (r, C(G))$.

其次, 考虑 $C(G)$ 到 $\mathbb{C}G$ 的映射

$$S(f) = \sum_{s \in G} f(s)s. \tag{3.8}$$

易证 S 是一个线性同构. 于是对任意 $s, t \in G$ 有

$$S(l_t f) = \sum_{s \in G} (l_t f)(s)s = \sum_{s \in G} f(t^{-1}s)s;$$

$$R(t)(S(f)) = R(t) \sum_{s \in G} f(s)s = \sum_{s \in G} f(s)ts = \sum_{s \in G} f(t^{-1}s)s.$$

故对任意 $t \in G$ 有 $Sl_t = R(t)S$, 即 S 是 $(l, C(G))$ 到 $(R, \mathbb{C}G)$ 的缠结算子. 从

而 $(l, C(G)) \cong (R, \mathbb{C}G)$. □

函数空间是我们经常遇到的研究对象, 其中的很多问题与表示论有着千丝万缕的联系, 有时候从表示论的角度更能看出问题的本质. 比如我们熟知的 Fourier 变换和 Fourier 级数, 就可以用表示论来解释为什么一个是积分, 一个是无穷和. 有兴趣的读者可以查阅李群表示论或抽象调和分析方面的书籍.

现在我们从函数空间的角度来看待左正则表示. 设 (ρ, W) 为 G 的不可约复表示. 在 W 上选定任何 G-不变内积及 W 的标准正交基 $e_1, e_2, \cdots, e_n$, 则 $\rho(t)$ 在该组基下的矩阵 $(\rho_{ij}(t))$ 为酉矩阵. 设 $C_W(G) = \mathrm{Span}\{\rho_{ij}(s)\}$ 为 $\rho_{ij}(s)$ 张成的 $C(G)$ 子空间, 则

引理 3.3.10 $C_W(G)$ 是表示 $(l, C(G))$ 和 $(r, C(G))$ 的子表示.

证 对任意 $s, t \in G$, 我们有

$$\rho(st) = \rho(s)\rho(t).$$

故 $\rho_{ij}(st) = \sum\limits_{k=1}^{n} \rho_{ik}(s)\rho_{kj}(t)$. 于是

$$(r_t\rho_{ij})(s) = \rho_{ij}(st) = \sum_{k=1}^{n} \rho_{ik}(s)\rho_{kj}(t).$$

从而 $r_t\rho_{ij} \in C_W(G)$. 同理可证 $l_t\rho_{ij} \in C_W(G)$. 因此, $C_W(G)$ 是 $(l, C(G))$ 和 $(r, C(G))$ 的子表示. □

若记

$$V_i = \mathrm{Span}\{\rho_{ij}(s) | j = 1, 2, \cdots, n\}, \quad V_j' = \mathrm{Span}\{\rho_{ij}(s) | i = 1, 2, \cdots, n\},$$

则由上述证明可得

$$r_t\rho_{ij} \in V_i, \quad l_t\rho_{ij} \in V_j'.$$

于是我们有

推论 3.3.11 V_i 和 V_j' $(i, j = 1, 2, \cdots, n)$ 分别为 $(r, C(G))$ 和 $(l, C(G))$ 的子表示, 且 $V_i \cong W$, $V_j' \cong W^*$.

证 V_j 与 V_j' 分别是 r_t 与 l_t 的不变子空间, 自然是子表示. 进一步, 注意到 $e_1, e_2, \cdots, e_n$ 为标准正交基, 故 $\rho_{ij}(s) = (\rho(s)e_j, e_i)$. 考虑映射

$$\mathcal{T} : W \to V_i, \quad w \mapsto f_w(s) = (\rho(s)w, e_i),$$

则容易验证 $\mathcal{T} \in \mathrm{Hom}\,(W, V_i)$, 且 $\mathcal{T}$ 可逆. 对任意 $t \in G$,

$$\mathcal{T}(\rho(t)w) = (e_i, \rho(s)\rho(t)w) = f_w(st) = (r_t f_w)(s) = (r_t \mathcal{T}(w))(s).$$

故 $\mathcal{T}\rho(t) = r_t|_{V_i}\mathcal{T}$, 从而 $V_i \cong W$. 同理可证 $V_j' \cong W^*$. □

上述命题启发我们考虑 $W^* \otimes W$ 与 $C_W(G)$ 之间的关系. 设 $e_1^*, e_2^*, \cdots, e_n^*$ 是 W^* 的关于 $e_1, e_2, \cdots, e_n$ 的对偶基, 即满足 $e_i^*(e_j) = \delta_{ij}$. 考虑映射

$$\mathcal{T}: W^* \otimes W \to C_W(G), \quad e_i^* \otimes e_j \mapsto e_i^*(\rho(s)e_j).$$

实际上 $e_i^*(\rho(s)e_j) = \rho_{ij}(s)$, 因此, 上述映射是满射. 又由于 $\dim W^* \otimes W = \dim C_W(G)$, 故 T 为线性同构. 容易验证, 对任意 $\alpha \in W$, $\alpha^* \in W^*$ 有

$$(T(\alpha^* \otimes \alpha))(s) = \alpha^*(\rho(s)\alpha). \tag{3.9}$$

进一步, 对任意 $s, t, u \in G$, 定义 $C_W(G)$ 上变换

$$\pi(t, u)(\rho_{ij})(s) = \rho_{ij}(t^{-1}su).$$

容易验证这是 $G \times G$ 在 $C_W(G)$ 上的线性表示. 若将 $W^* \otimes W$ 看作 $G \times G$ 的张量积表示, 我们有

命题 3.3.12 $T \in \mathrm{Hom}_{G\times G}(W^* \otimes W, C_W(G))$, 即作为 $G \times G$ 的表示,

$$W^* \otimes W \cong C_W(G).$$

证 对任意 $s, t, u \in G$,

$$\begin{aligned}
(T(\rho^* \otimes \rho(t,u)(e_i^* \otimes e_j)))(s) &= (T(\rho^*(t)e_i^* \otimes \rho(u)e_j))(s) \\
&= (\rho^*(t)e_i^*)(\rho(s)\rho(u)e_j) \\
&= e_i^*(\rho(t^{-1}su)e_j) \\
&= \rho_{ij}(t^{-1}su) \\
&= (l_t r(u)\rho_{ij})(s) \\
&= ((l \otimes r)(t,u)T(e_i^* \otimes e_j))(s).
\end{aligned}$$

因此 $T\rho^* \otimes \rho(t,u) = (l \otimes r)(t,u)T$, 即 $T \in \mathrm{Hom}_{G\times G}(W^* \otimes W, C_W(G))$. □

由于 $G \cong \Delta G = \{(s,s) \in G \times G | s \in G\}$, 故 $W^* \otimes W, C_W(G)$ 都可以看作 G 的表示且 $T \in \mathrm{Hom}_G(W^* \otimes W, C_W(G))$. 于是作为 G 的表示, 我们有

$$C_W(G) \cong W^* \otimes W \cong \mathrm{Hom}\,(W, W).$$

对任意 $t \in G$, $f(s) \in C(G)$, 定义

$$(\pi(t)f)(s) = f(t^{-1}st).$$

如果令 $(\pi, C(G))$ 为 G 的表示, 利用不等价的不可约表示的矩阵系数的正交关系及定理 3.3.7, 这样我们可得到

命题 3.3.13 对于 G 的表示 $(\pi, C(G))$ 与 $\left(\bigoplus_{i=1}^{h} \rho_i^* \otimes \rho_i, \bigoplus_{i=1}^{h} W_i^* \otimes W_i\right)$, 有

$$C(G) = C_{W_1}(G) \oplus C_{W_2}(G) \oplus \cdots \oplus C_{W_h}(G) \cong \bigoplus_{i=1}^{h} W_i^* \otimes W_i.$$

注记 3.3.14 实际上我们可以不利用定理 3.3.7 而直接证明上述命题, 从而给出定理 3.3.7 的另一个证明. 请读者自行探讨.

3.4 类函数空间

现在我们可以利用左正则表示来研究有限群的复不可约表示. 由于每一个类函数 $f(s)$ 都满足 $f(t^{-1}st) = f(s)$, $\forall t \in G$, 因此 $\pi(t)f = f$, 即类函数 $f(s)$ 是 $(\pi, C(G))$ 的不动点. 于是类函数空间 $\mathcal{H}$ 恰好是 $C(G)$ 中 G 的不动点的全体. 故 $\dim \mathcal{H}$ 就是平凡表示在 $(\pi, C(G))$ 中出现的重数. 由命题 3.3.13, 类函数空间与 $\bigoplus_{i=1}^{h} W_i^* \otimes W_i \cong \bigoplus_{i=1}^{h} \mathrm{Hom}\,(W_i, W_i)$ 中的 G-不动点子空间存在自然的线性同构. 从而

$$\dim \mathcal{H} = \sum_{i=1}^{h} \dim \mathrm{Hom}_G(W_i, W_i) = h.$$

因此我们有

定理 3.4.1 $|\widehat{G}| = \dim \mathcal{H} = |\mathrm{Conj}\,(G)|$, 且不可约特征标的全体 $\chi_1, \chi_2, \cdots, \chi_h$ 构成 $\mathcal{H}$ 的一组基.

特别地, 对于群的直积 $G \times H$, 我们有

$$|\widehat{G \times H}| = |\mathrm{Conj}\,(G \times H)| = |\mathrm{Conj}\,(G)||\mathrm{Conj}\,(H)| = |\widehat{G}||\widehat{H}|.$$

因此利用定理 3.2.22, 我们可以得到问题 3.2.23 的肯定回答.

定理 3.4.2 $G \times H$ 的不可约表示都是 G 和 H 的不可约表示的张量积.

利用群的直积和表示的张量积的观点, 对任意 $W \in \widehat{G}$, $W \otimes W^*$ 是 $G \times G$ 的不可约表示. 我们把 G 的左正则表示 $C(G)$ 看成 $G \times G$ 的表示, 即

$$(s,t)\sum_{g\in G} a_g g = \sum_{g\in G} sgt^{-1}, \quad \forall s,t,g \in G.$$

于是命题 3.3.13 实际上可以看作是将 $C(G)$ 分解为了 $G \times G$ 的不可约表示的直和:

$$C(G) = \sum_{i=1}^{h} W_i \otimes W_i^*.$$

我们也可以用其他想法证明定理 3.4.1. 设 G 的不可约表示 (ρ_k, W_k) 的矩阵系数为 $\rho_{ij}^k(s)$. 由第一正交关系和定理 3.3.7 可知, 所有 $\rho_{ij}^k(s)$ 构成了 $C(G)$ 的一组正交基. 设 $f(s) = \sum\limits_{i,j,k} c_{ij}^k \rho_{ij}^k(s)$ 为 G 的类函数, 则由 $f(st) = f(ts)$ 可知

$$\sum_{i,j,k,l} c_{ij}^k \rho_{il}^k(s)\rho_{lj}^k(t) = \sum_{i,j,k,l} c_{ij}^k \rho_{il}^k(t)\rho_{lj}^k(s) = \sum_{i,j,k,l} c_{jl}^k \rho_{ji}^k(t)\rho_{il}^k(s).$$

由于 $\rho_{ij}^k(s)$ 两两正交, 比较两边 $\rho_{il}^k(s)$ 的系数可得

$$\sum_j c_{ij}^k \rho_{lj}^k(t) = \sum_j c_{jl}^k \rho_{ji}^k(t).$$

继续比较系数可得

$$c_{ii}^k = c_{ll}^k; \quad c_{ij}^k = 0,\ i \neq j.$$

记 $c_{ii}^k = c_k$, 则 $f(s) = \sum\limits_k c_k \chi_k(s)$. 故 $\chi_1, \chi_2, \cdots, \chi_h$ 为 $\mathcal{H}$ 的一组基.

另一种想法是考虑不可约特征标生成的 $\mathcal{H}$ 的子空间, 只需证明其正交补为零, 即若

$$(f, \overline{\chi}_i) = 0, \quad i = 1, 2, \cdots, h, \tag{3.10}$$

则 $f = 0$. 这里, 我们用 $\overline{\chi}_i$ 代替 χ_i 是为了行文方便. 实际上, $\overline{\chi}_1, \overline{\chi}_2, \cdots, \overline{\chi}_h$ 也是不可约特征标的全体.

我们考虑方程 (3.10). 对任意不可约表示 (ρ, V) 的特征标 χ,

$$\begin{aligned}(f, \overline{\chi}) &= \frac{1}{|G|}\sum_{t\in G} f(t)\chi(t) = \frac{1}{|G|}\sum_{t\in G} f(t)\operatorname{tr}(\rho(t)) \\ &= \operatorname{tr}\left(\frac{1}{|G|}\sum_{t\in G} f(t)\rho(t)\right).\end{aligned}$$

于是我们引入定义

定义 3.4.3 设 $f \in C(G)$, (ρ, V) 为 G 的一个表示, 定义 V 上的线性变换 $\rho(f)$ 为

$$\rho(f) = \frac{1}{|G|}\sum_{t\in G} f(t)\rho(t). \tag{3.11}$$

例 3.4.4 如果 $f(s) \equiv 1$, 则 $\rho(f) = \frac{1}{|G|}\sum_{t\in G}\rho(t)$. 容易验证 $\rho(f)$ 与 $\rho(s)$ 都可换, 故 $\rho(f) \in \mathrm{Hom}_G(V, V)$. 进一步可以证明 $\rho(f)$ 是一个投影. 请读者自行验证并求其像空间.

当然, 并非只有 f 为常值函数时 $\rho(f)$ 为缠结算子, 更一般地, 我们有

命题 3.4.5 (1) 设 f 为类函数, 则 $\rho(f) \in \mathrm{Hom}_G(V, V)$;

(2) 如果 ρ 为 G 的 n 维不可约表示, 特征标为 χ, 则

$$\rho(f) = \lambda\mathrm{id}, \quad \lambda = \frac{1}{n}(f, \overline{\chi}).$$

证 (1) 对任意 $s \in G$ 有

$$\begin{aligned}
\rho(s^{-1})\rho(f)\rho(s) &= \frac{1}{|G|}\sum_{t\in G} f(t)\rho(s^{-1})\rho(t)\rho(s)\\
&= \frac{1}{|G|}\sum_{t\in G} f(t)\rho(s^{-1}ts)\\
&= \frac{1}{|G|}\sum_{t\in G} f(s^{-1}ts)\rho(s^{-1}ts)\\
&= \rho(f).
\end{aligned}$$

第三个等号是由于 f 为类函数, 即 $f(s^{-1}ts) = f(t)$. 最后一个等号是由于对于给定的 s, $t \mapsto s^{-1}ts$ 为 G 的双射, 即当 t 取遍 G 中所有元素的时候, $s^{-1}ts$ 也取遍 G 中所有元素. 因此 $\rho(f) \in \mathrm{Hom}_G(V, V)$.

(2) 当 ρ 不可约时, 缠结算子都是数乘变换, 故 $\rho(f) = \lambda\mathrm{id}$. 对该等式两边取迹可得

$$n\lambda = \mathrm{tr}\,(\rho(f)) = \frac{1}{|G|}\sum_{t\in G} f(t)\mathrm{tr}\,(\rho(t)) = \frac{1}{|G|}\sum_{t\in G} f(t)\chi(t) = (f, \overline{\chi}).$$

因此, $\lambda = \frac{1}{n}(f, \overline{\chi})$. □

由上述命题我们知道, 如果 $(f,\overline{\chi})=0$, 则 $\rho(f)=0$. 特别地, 如果 f 与所有不可约特征标都正交, 则 $\rho_i(f)=0,\ i=1,2,\cdots,h$. 更一般地, 对 G 的任意有限维表示 (π,V), 设 $\pi=m_1\rho_1+m_2\rho_2+\cdots+m_h\rho_h$, 则

$$\pi(f)=m_1\rho_1(f)+m_2\rho_2(f)+\cdots+m_h\rho_h(f).$$

自然也有 $\pi(f)=0$. 特别地, 取 π 为左正则表示 R, 我们有 $R(f)=0$. 注意到 $R(t)e_s=e_{ts}$, 特别地, 取 $s=1$ 为 G 的幺元, 则 $R(t)e_1=e_t$, 且我们有

$$R(f)e_1=\frac{1}{|G|}\sum_{t\in G}f(t)R(t)e_1=\frac{1}{|G|}\sum_{t\in G}f(t)e_t=0.$$

由于 e_t 线性无关, 我们有 $f(t)=0,\ t\in G$. 故与所有不可约特征标 χ_i 正交的类函数只有零函数, 即所有不可约特征标是 $\mathcal{H}$ 的一组基. 我们再次证明了定理 3.4.1.

我们继续研究 $\rho(f)$ 的性质. 对于 ρ 为不可约表示的情形已经很清楚, 对于一般的表示, 情况会复杂一些. 由于不可约特征标 $\chi_1,\chi_2,\cdots,\chi_h$ 是 $\mathcal{H}$ 的一组基, 对于类函数 f, 我们有

$$f=a_1\chi_1+a_2\chi_2+\cdots+a_h\chi_h.$$

故 $\rho(f)=a_1\rho(\chi_1)+a_2\rho(\chi_2)+\cdots+a_h\rho(\chi_h)$. 我们只需要弄清楚, 若 G 的表示 (ρ,V), 则对于任意不可约特征标 χ, $\rho(\chi)$ 到底是什么变换?

利用定义可知 $\rho(f)$ 是 $\rho(t)$ 的线性组合, 因此对 V 的任意 G-不变子空间 W, W 也是 $\rho(f)$-不变的. 自然有 $\rho|_W(f)=\rho(f)|_W$. 特别地, 如果 W 为 V 的不可约子表示, 其特征标为 χ_i. 于是由命题 3.4.5 可得

$$\rho|_W(\chi)=\frac{1}{\dim W}(\chi,\overline{\chi}_i)\mathrm{id}_W.$$

因此, 如果 $\chi=\overline{\chi}_i$, 则 $\rho|_W(\chi)=\dfrac{1}{\dim W}\mathrm{id}_W$, 否则 $\rho|_W(\chi)=0$. 于是对于不可约特征标 χ_i, 记 $n_i=\chi_i(1)$, 即为不可约表示的维数, 定义

$$p_i=n_i\rho(\overline{\chi}_i).$$

于是我们有

定理 3.4.6 设 (ρ,V) 为 G 的表示, 则 p_i 为 V 的投影. 记 $V_i=\mathrm{Im}\,p_i$, 则 V_i 为所有与 W_i 等价的 V 的子表示的和, 且

$$V=V_1\oplus V_2\oplus\cdots\oplus V_h. \tag{3.12}$$

证 将 V 分解为不可约表示的直和

$$V = V_{11} \oplus \cdots \oplus V_{1l_1} \oplus \cdots \oplus V_{h1} \oplus \cdots \oplus V_{hl_h}, \tag{3.13}$$

其中 $V_{ij} \cong W_i$. 如果 $k \neq i$, 则 $p_i(V_{kj}) = 0$; 而 $p_i|_{V_{ij}} = \mathrm{id}\,|_{V_{ij}}$ 且 $p_i(V_{ij}) \subseteq V_i$. 容易看出 p_i 是投影, 且

$$V_i = p_i(V) = p_i(V_{i1}) + \cdots + p_i(V_{il_i}) = V_{i1} \oplus \cdots \oplus V_{il_i}.$$

故

$$V = V_1 \oplus V_2 \oplus \cdots \oplus V_h.$$

特别地, 对 V 的任意不可约子表示 W, 设 $W \cong W_i$, 则 $p_i|_W = \mathrm{id}\,|_W$, 故 $W \in V_i$, 即 V_i 是 V 的所有与 W_i 等价的子表示的和. □

比较上面提到的两个分解 (3.12) 和 (3.13), 后者的分解更细一些, 不过要依赖于不可约子表示的选取; 而前者把所有等价的不可约子表示合并起来, 自然不依赖于子表示的选取, 这一点也可以从投影的定义上看出来. 因此, 后者在等价意义下是唯一的, 而前者自然具有唯一性. 因此我们把 (3.12) 称为 V 的**自然分解**.

一般的常表示 (ρ, V) 都有自然分解

$$V = V_1 \oplus V_2 \oplus \cdots \oplus V_h,$$

其中, V_i 是 V 中与某个不可约表示 W_i 同构的子表示的和, 即

$$V_i \cong m_i W_i = \underbrace{W_i \oplus W_i \oplus \cdots \oplus W_i}_{m_i}.$$

我们可以用缠结算子和张量积来表示 (ρ, V) 的自然分解. 对 G 的任何不可约表示 (ρ_i, W_i), 缠结算子的集合为 $\mathrm{Hom}_G(W_i, V)$, 考虑映射

$$\varphi_i : \mathrm{Hom}_G(W_i, V) \otimes W_i \to V, \quad (T, \alpha) \mapsto T(\alpha),$$

不难得到

命题 3.4.7 (1) 作为线性空间 $\mathrm{Hom}_G(W_i, V) \cong m_i \mathrm{Hom}_G(W_i, W_i)$;

(2) $\mathrm{Im}\,\varphi_i = V_i$.

于是, $\dim \mathrm{Hom}_G(W_i, V) = m_i \dim \mathrm{Hom}_G(W_i, W_i)$. 因此有

命题 3.4.8 φ_i 是单射当且仅当 $\dim \mathrm{Hom}_G(W_i, W_i) = 1$.

如果我们考虑复表示, 则有

命题 3.4.9 设 (ρ, V) 为 G 的复表示, 则有表示同构

$$V \cong \bigoplus_{i=1}^{h} \mathrm{Hom}_G(W_i, V) \otimes W_i.$$

对这个问题的深入讨论会引出著名的双重中心化子定理, 这是后话.

3.5 特征标表

现在我们来考察定理 3.4.1 的应用. 利用它我们可以得到与引理 2.3.7 类似但略有区别的结论.

推论 3.5.1 有限 Abel 群的不可约复表示都是一维的.

证 有限 Abel 群 G 的每个共轭类都只有一个元素, 因此 $|\mathrm{Conj}(G)| = |G|$, 从而 G 的不可约表示有 $|G|$ 个. 由定理 3.3.7 知, G 的不可约表示都是一维的. □

实际上我们有更强的结论.

推论 3.5.2 G 是 Abel 群当且仅当其所有不可约复表示都是一维的.

证 只需证明充分性. 如果 G 的不可约表示都是一维的, 则由定理 3.3.7 知 $|\widehat{G}| = |G|$, 从而 $|\mathrm{Conj}(G)| = |G|$. 因此每个共轭类只有一个元素, □

设 $\mathrm{Conj}(G) = \{C_1, C_2, \cdots, C_h\}$, 则特征标可以看成 $\mathrm{Conj}(G)$ 上的函数, 故有如下**特征标表**来描述 G 的特征标:

	C_1	$\cdots$	C_h
χ_1	$\chi_1(C_1)$	$\cdots$	$\chi_1(C_h)$
$\vdots$	$\vdots$		$\vdots$
χ_h	$\chi_h(C_1)$	$\cdots$	$\chi_h(C_h)$

例 3.5.3 设 $G = S_3$, 其共轭类为

$$C_1 = \{1\}; \quad C_2 = \{(12), (23), (13)\}; \quad C_3 = \{(123), (132)\}.$$

由 $|G| = 6$ 容易得到, G 有两个一维和一个二维不可约表示. 其特征标表如下 (其中共轭类后面括号中的数表示该共轭类中的元素个数):

	$C_1(1)$	$C_2(3)$	$C_3(3)$
χ_1	1	1	1
χ_2	1	-1	1
χ_3	2	0	-1

例 3.5.4 四元数群 Q_8 换位子群为 $\{\pm 1\}$, 其共轭类为

$$C_1 = \{1\}, \quad C_2 = \{-1\}, \quad C_3 = \{\pm i\}, \quad C_4 = \{\pm j\}, \quad C_5 = \{\pm k\}.$$

于是利用例 3.3.8, 我们可以得到 Q_8 的特征标表为

	$C_1(1)$	$C_2(1)$	$C_3(2)$	$C_4(2)$	$C_5(2)$
χ_1	1	1	1	1	1
χ_2	1	1	1	-1	-1
χ_3	1	1	-1	1	-1
χ_4	1	1	-1	-1	1
χ_5	2	-2	0	0	0

注记 3.5.5 这里有一个奇怪的现象: Q_8 的特征标表中全是整数! 这个现象后文会专门探讨.

例 3.5.6 设 $G = A_4$, 其共轭类为

$$\begin{aligned} C_1 &= \{(1)\}; \\ C_2 &= \{(12)(34), (13)(24), (14)(23)\}; \\ C_3 &= \{(123), (142), (134), (243)\}; \\ C_4 &= \{(132), (124), (143), (234)\}. \end{aligned}$$

由于 $K_4 = \{1, (12)(34), (13)(24), (14)(23)\}$ 为 A_4 的正规子群, 而 A_4/K_4 是三阶群, 自然是循环群. 故 $K_4 \supseteq A_4^{(1)}$. 容易得到 $K_4 = A_4^{(1)}$, 从而 A_4 有三个一维表示和一个三维不可约表示. 一维表示的特征标自然可以从三阶循环群的特征标得到. 利用第一正交关系, 可以解得三维表示的特征标. 记 $\omega = \mathrm{e}^{\frac{2\pi\sqrt{-1}}{3}}$, 则 A_4 的特征标表为 (括号中为共轭类的元素个数)

	$C_1(1)$	$C_2(3)$	$C_3(4)$	$C_4(4)$
χ_1	1	1	1	1
χ_2	1	1	ω	ω^2
χ_3	1	1	ω^2	ω
χ_4	3	-1	0	0

特征标表中隐藏着很多信息, 试举一例如下.

问题 3.5.7 设 (ρ, V) 是 G 在其自身上的共轭作用所对应的置换表示, 其特征标为 χ, 则

$$\chi(s) = |C_s(G)|, \quad \forall s \in G.$$

由此, 对 G 的任何复不可约特征标 χ_i, (χ_i, χ) 是非负整数, 从而可得特征标表每行数字之和是非负整数.

3.6 特征标中的正规子群

群论的主要任务之一是有限单群的分类, 寻找正规子群自然成了重点. 一个令人有点意外的是从群的特征标表中可以看到所有的正规子群.

设 (ρ, V) 为 G 的复表示, $\dim V = n$. 我们知道 $\mathrm{Ker}\,\rho$ 就是 G 的一个正规子群. 为了深入进行研究, 我们需要从特征标的层面来刻画 $\mathrm{Ker}\,\rho$. 对任意 $s \in G$, $\rho(s)$ 的所有特征值为 $\lambda_1, \lambda_2, \cdots, \lambda_n$, 则 $\chi(s) = \lambda_1 + \lambda_2 + \cdots + \lambda_n$. 由于 λ_i 都是单位根, 故

$$|\chi(s)| = |\lambda_1 + \lambda_2 + \cdots + \lambda_n| \leqslant |\lambda_1| + |\lambda_2| + \cdots + |\lambda_n| = n.$$

等号成立当且仅当 $\lambda_1 = \lambda_2 = \cdots = \lambda_n$. 因此 $\rho(s)$ 是数乘变换. 于是有

引理 3.6.1 设 (ρ, V) 为 G 的复表示, 其特征标为 χ.

(1) $\chi(s) = \chi(1)$ 当且仅当 $s \in \mathrm{Ker}\,\rho$;

(2) $|\chi(s)| = \chi(1)$ 当且仅当 $\rho(s)$ 为数乘变换.

$\mathrm{Ker}\,\rho$ 自然是 G 的正规子群. 若 $\rho(s)$ 为数乘变换, 则 $\rho(s) \in Z(\mathrm{Im}\,\rho)$. 记 Z_ρ 为 $Z(\mathrm{Im}\,\rho)$ 在同态 ρ 下的原像, Z_ρ 自然也是 G 的正规子群. 特别地, 若 ρ 是忠实表示, 则 $Z_\rho = Z(G)$.

为了方便用把它们用特征标来表示, 我们引入记号

$$\mathrm{Ker}\,\chi = \{s \in G | \chi(s) = \chi(1)\}, \quad Z_\chi = \{s \in G || \chi(s)| = \chi(1)\}.$$

于是我们有

引理 3.6.2 设 (ρ, V) 为 G 的复表示.

(1) $\mathrm{Ker}\,\chi = \mathrm{Ker}\,\rho$;

(2) 若 ρ 是复不可约的, 则 $Z_\rho = Z_\chi$.

结论 (2) 是 Schur 引理的自然推论. 需要注意的是, 一般情况下, 若 $s \in Z_\rho$, $\rho(s)$ 不一定是数乘变换.

进一步, 注意到

$$\mathrm{Ker}\,(\rho \oplus \pi) = \mathrm{Ker}\,\rho \oplus \mathrm{Ker}\,\pi, \quad Z_{\rho\oplus\pi} = Z_\rho \cap Z_\pi,$$

且对正则表示 $(R, \mathbb{C}G)$ 而言, $\mathrm{Ker}\,R = \{1\}$, 且 $Z_R = Z(G)$, 则我们有

命题 3.6.3 设 $\{(\rho_1, W_1), (\rho_2, W_2), \cdots, (\rho_h, W_h)\}$ 是 G 的所有不可约复表示, 则

$$\bigcap_{i=1}^{h} \operatorname{Ker} \chi_i = \{1\}, \quad \bigcap_{i=1}^{h} Z_{\chi_i} = Z(G).$$

于是, 群的中心也能从特征标表中得出. 不仅如此, 我们实际上可以从群 G 的特征标表中读出 G 的所有正规子群.

引理 3.6.4 设 N 是 G 的正规子群, 则 G/N 的所有不可约表示都是 G 的不可约表示, 设为 $\rho_1, \rho_2, \cdots, \rho_r$, 则

$$N = \bigcap_{i=1}^{r} \operatorname{Ker} \chi_i = \operatorname{Ker} \left(\sum_{i=1}^{r} \chi_i \right).$$

证明是容易的, 留给读者. 作为上述结论的简单推论, 我们可以考虑

问题 3.6.5 试从 A_5 的特征标表得出 A_5 是单群.

3.7 第二正交关系

特征标表实际上给了我们一个方阵

$$\begin{pmatrix} \chi_1(C_1) & \cdots & \chi_1(C_h) \\ \vdots & & \vdots \\ \chi_h(C_1) & \cdots & \chi_h(C_h) \end{pmatrix}.$$

这个方阵并不是酉矩阵 (除非 $|G| = 1$). 考察上面的 Q_8 和 A_4 的特征标表, 其行向量并不是两两正交的; 不过, 奇怪的是其列向量是两两正交的. 我们来解释这一现象.

由不可约特征标的第一正交关系

$$(\chi_i, \chi_j) = \frac{1}{|G|} \sum_{s \in G} \chi_i(s) \overline{\chi_j(s)} = \delta_{ij}$$

可得

$$\frac{1}{|G|} \sum_{k=1}^{h} |C_k| \chi_i(C_k) \overline{\chi_j(C_k)} = \delta_{ij}.$$

于是我们考虑矩阵

$$A = \frac{1}{\sqrt{|G|}} \begin{pmatrix} \sqrt{|C_1|}\chi_1(C_1) & \cdots & \sqrt{|C_h|}\chi_1(C_h) \\ \vdots & & \vdots \\ \sqrt{|C_1|}\chi_h(C_1) & \cdots & \sqrt{|C_h|}\chi_h(C_h) \end{pmatrix}, \tag{3.14}$$

其行向量是两两正交的单位向量, 故 A 为酉矩阵, 即 $A\overline{A}' = I_h$. 自然 A 的列向量也是两两正交的单位向量, 于是有

命题 3.7.1 (第二正交关系) (1) 对任意 $s \in G$, 记 $c(s)$ 为 s 所在共轭类的元素个数, 则

$$\sum_{i=1}^{h} \overline{\chi_i(s)}\chi_i(s) = \frac{|G|}{c(s)} = |C_s(G)|.$$

(2) 若 $t \in G$ 不与 s 共轭, 则 $\sum\limits_{i=1}^{h} \overline{\chi_i(s)}\chi_i(t) = 0$. 特别地, 若 $s = 1$, $t \neq 1$, 则 $\sum\limits_{i=1}^{h} n_i\chi_i(t) = 0$.

我们也可以换一个角度来看待这个问题. 考虑 G 的类函数

$$f_s(t) = \begin{cases} 1, & t \text{ 与 } s \text{ 共轭}, \\ 0, & t \text{ 与 } s \text{ 不共轭}, \end{cases}$$

记 $c(s)$ 为 s 所在的共轭类的元素个数, 由于 $\chi_1, \chi_2, \cdots, \chi_s$ 为类函数空间 $\mathcal{H}$ 的一组基, 则

$$f_s = \sum_{i=1}^{h} \lambda_i \chi_i,$$

其中

$$\lambda_i = (f_s, \chi_i) = \frac{1}{|G|} \sum_{t \in G} f_s(t)\overline{\chi_i(t)} = \frac{c(s)}{|G|}\overline{\chi_i(s)}.$$

于是我们有

$$f_s(t) = \frac{c(s)}{|G|} \sum_{i=1}^{h} \overline{\chi_i(s)}\chi_i(t).$$

由 $f_s(t)$ 的定义可得第二正交关系.

利用第二正交关系, 我们可以得到共轭类元素个数的计算公式.

推论 3.7.2 $c(s) = |G| \Big/ \sum\limits_{i=1}^{h} |\chi_i(s)|^2.$

第 4 章 McKay 对应

在数学研究中, 有一种奇妙的现象经常出现, 那就是表面上看起来关系不大甚至相距甚远的两个对象, 其数学内涵却有惊人的相似性甚至一致性. 最典型的莫过于在 Fermat 大定理证明中起到关键作用的 Taniyama-Shimura 猜想. 本章我们将介绍 SO(3) 的有限子群、正多面体包括正多边形及在复李代数的研究中起到关键作用的 Dynkin 图之间的联系. McKay 从表示论的角度出发对这一现象进行阐述, 不过需要考虑 SU(2) 的有限子群的表示.

4.1 点群的表示

本节我们来讨论点群的表示, 分别计算点群的复特征标表. 首先, 我们计算每个点群的换位子群以确定其所有一维不可约表示; 其次, 求出所有轨道及其元素个数以确定不可约表示个数, 并利用定理 3.3.7 和 Schur 正交关系确定不可约表示的维数和特征标. 例 2.1.8 和例 3.5.6 分别给出了循环群 C_n 与交错群 A_4 的所有不可约特征标, 故我们只考虑其他三类点群的表示.

4.1.1 二面体群

我们知道, 二面体群 $\mathcal{D}_n = \langle a, b | a^2 = b^n = (ab)^2 = 1\rangle \cong \langle a\rangle \ltimes \langle b\rangle$. 由于 $aba^{-1}b^{-1} = b^{-2}$, 因此, $\langle b^{-2}\rangle = \langle b^2\rangle \subseteq \mathcal{D}_n^{(1)}$. 容易得到 $\langle b^2\rangle$ 也是 $\mathcal{D}_n$ 的正规子群. 而 $\mathcal{D}_n/\langle b^2\rangle$ 至多是 4 阶群, 自然是 Abel 群, 因此 $\mathcal{D}_n^{(1)} \subseteq \langle b^2\rangle$. 当 $n = 2m$ 为偶数时, $(b^2)^m = 1$, 故 $\langle b^2\rangle$ 为 m 阶群; 当 $n = 2m-1$ 为奇数时, $(b^2)^m = b^{2m} = b$, 故 $\langle b^2\rangle = \langle b\rangle$. 因此我们有

引理 4.1.1 若 n 为奇数, 则 $\mathcal{D}_n^{(1)} = \langle b\rangle$, $\mathcal{D}_n$ 有 2 个一维表示; 若 n 为偶数, 则 $\mathcal{D}_n^{(1)} = \langle b^2\rangle$, $\mathcal{D}_n$ 有 4 个一维表示.

在 n 为奇数或偶数的情况下, $\mathcal{D}_n$ 的性质是不同的. 这个现象并不是偶然的,

类似的情况在研究 Dynkin 图对应的 Lie 代数的性质时也会出现.

为了计算特征标, 我们需要 $\mathcal{D}_n$ 的共轭类. 简单计算不难得到 $\mathcal{D}_{2m-1}$ 有 $m+1$ 个共轭类:

$$\{1\}, \quad \{a, ab, \cdots, ab^{2m-2}\}, \quad \{b^i, b^{-i}\} \quad (i=1,2,\cdots,m-1).$$

而 $\mathcal{D}_{2m}$ 有 $m+3$ 个共轭类:

$$\{1\}, \quad \{a, ab^2, \cdots, ab^{2m-2}\}, \quad \{ab, ab^3, \cdots, ab^{2m-1}\},$$
$$\{b^i, b^{-i}\} \quad (i=1,2,\cdots,m-1), \quad \{b^m\}.$$

这样我们可以得到 $\mathcal{D}_n$ 在 $n=2m-1$ 和 $2m$ 两种情形的所有一维表示的特征标分别为

	1	a	b	$\cdots$	b^{m-1}
χ_1	1	1	1	$\cdots$	1
χ_2	1	-1	1	$\cdots$	1

	1	a	ab	b	$\cdots$	b^m
χ_1	1	1	1	1	$\cdots$	1
χ_2	1	1	-1	-1	$\cdots$	$(-1)^m$
χ_3	1	-1	1	-1	$\cdots$	$(-1)^m$
χ_4	1	-1	-1	1	$\cdots$	1

因 $\mathcal{D}_{2m-1}$ 只有两个一维表示, 其他 $m-1$ 个非一维表示的维数满足

$$n_3^2 + n_4^2 + \cdots + n_{m+1}^2 = 4(m-1).$$

不难得到非一维不可约表示都是二维的. 同理可得 $\mathcal{D}_{2m}$ 也有 $m-1$ 个二维不可约表示. 因此有

引理 4.1.2 $\mathcal{D}_n$ 有 $\left[\dfrac{n-1}{2}\right]$ 个二维不可约表示.

我们来考虑 $\mathcal{D}_n$ 的二维不可约表示 (ρ, V) 的结构. 由于 $\langle b\rangle$ 是循环群, 其不可约表示都是一维的, 因此作为 $\langle b\rangle$ 的表示 V 可以分解为两个不可约表示的直和 $V = V_1 \oplus V_2$, 且 $V_1 \ncong V_2$, 否则, $\rho(b)$ 是数乘变换, 容易得出 (ρ, V) 是可约的. 这样, V 中的非平凡的 $\rho(b)$-子空间只有 V_1, V_2 这两个. 注意到 $\langle b\rangle$ 是 $\mathcal{D}_n$ 的正规子群, 则 $\rho(a)V_1$ 也是 $\langle b\rangle$ 的不变子空间. 实际上我们有更一般的结论.

引理 4.1.3 设 H 是群 G 的正规子群, (ρ, V) 是 G 的表示, $W \subseteq V$ 是 H-子空间, 即对任意 $s \in H$, $\rho(s)W \subseteq W$, 则对任意 $t \in G$, $\rho(t)W$ 也是 H-子空间.

证 由于 H 是 G 的正规子群, 故对任意 $s \in H$, $t \in G$, 有 $t^{-1}st \in H$. 对 $w \in W$, 有

$$\rho(s)(\rho(t)w) = \rho(t)\rho(t^{-1}st)w \in \rho(t)W.$$

故 $\rho(t)W$ 是 $\rho(s)$-子空间. 因此 $\rho(t)W$ 是 H-子空间. □

回到我们考虑的 $\mathcal{D}_n$ 的二维不可约表示, $\rho(a)V_1$ 是 $\langle b\rangle$-子空间, 且 $\rho(a)V_1 \neq V_1$, 故有 $\rho(a)V_1 = V_2$ 且 $\rho(a)V_2 = V_1$. 任取非零向量 $v_1 \in V_1$, 则 $\rho(b)v_1 = \lambda v_1$. 设 $v_2 = \rho(a)v_1$, 则 $\rho(a)v_2 = v_1$. 又由于 $aba = b^{-1}$, 则有

$$\rho(b)\rho(a)v_1 = \rho(a)\rho(b^{-1})v_1 = \overline{\lambda}\rho(a)v_1.$$

注意到 G 的不可约表示 ρ 自然可以看作 $G/\mathrm{Ker}\,\rho$ 的不可约表示 (见引理 2.3.5). 如果 $\lambda \in \mathbb{R}$, 由于 λ 是单位根, 则有 $\lambda = \pm 1$, 即 $\rho(b)$ 的特征值为 ± 1. 此时有 $\rho(b)^2 = \mathrm{id}$. 此时 $\mathcal{D}_n/\mathrm{Ker}\,\rho$ 至多有 4 个元素, 不可能有二维不可约表示. 于是 $\lambda \notin \mathbb{R}$. 故作为 $\langle b\rangle$ 的表示, $V_1 \ncong V_2$. 在基 v_1, v_2 下, $\rho(a), \rho(b)$ 的矩阵分别为

$$\begin{pmatrix} 0 & 1 \\ 1 & 0 \end{pmatrix}, \quad \begin{pmatrix} \lambda & 0 \\ 0 & \overline{\lambda} \end{pmatrix}.$$

由于 $b^n = 1$, 故 $\lambda^n = 1$, 即 $\lambda = \cos\theta + \sqrt{-1}\sin\theta$, 其中 $\theta = \dfrac{2k\pi}{n}$, $k = 1, 2, \cdots, n-1$, $k \neq \dfrac{n}{2}$. 设 $T = \begin{pmatrix} 1 & \sqrt{-1} \\ \sqrt{-1} & 1 \end{pmatrix}$, 则 $T^{-1}\rho(a)T = \rho(a)$, 且

$$T^{-1}\rho(b)T = \begin{pmatrix} \cos\theta & -\sin\theta \\ \sin\theta & \cos\theta \end{pmatrix}.$$

于是我们可以定义 $\mathcal{D}_n$ 的表示为

$$\rho_k : \mathcal{D}_n \to \mathrm{GL}(2, \mathbb{C}),$$

使得

$$\rho_k(a) = \begin{pmatrix} 0 & 1 \\ 1 & 0 \end{pmatrix}, \quad \rho_k(b) = \begin{pmatrix} \cos\dfrac{2\pi}{n} & -\sin\dfrac{2\pi}{n} \\ \sin\dfrac{2\pi}{n} & \cos\dfrac{2\pi}{n} \end{pmatrix}^k.$$

注意到 $\rho_k(a), \rho_k(b)$ 都是实矩阵, 因此上述表示都可以看作 $\mathcal{D}_2$ 的实表示. 这样, 它们的几何意义是明显的, $\rho(a)$ 是平面的反射, 对称轴为一三象限的角平分线; $\rho_k(b)$ 是平面的旋转. 特别地, $\mathrm{Im}\,\rho_1$ 就是保持平面正 n 边形不变的平面正交变换. 由例 2.3.8 可知, 当 $k = 1, 2, \cdots, n$ 且 $k \neq \dfrac{n}{2}$ 时, ρ_k 都是不可约的. 记 $\theta = \dfrac{2\pi}{n}$, 则 χ_k 的特征标为

	1	a	b	$\cdots$	b^{m-1}
	(1)	(m)	(2)	$\cdots$	(2)
χ_{k+2}	2	0	$2\cos k\theta$	$\cdots$	$2\cos k(m-1)\theta$

	1	a	ab	b	$\cdots$	b^m
	(1)	(m)	(m)	(2)	$\cdots$	(1)
χ_{k+4}	2	0	0	$2\cos k\theta$	$\cdots$	$2\cos km\theta = 2(-1)^k$

利用特征标或者缠结算子我们不难得到

思考题 4.1.4 $\rho_k \cong \rho_{n-k}, k = 1, 2, \cdots, n-1$.

注意到 ρ_k 的特征标满足 $\chi_k(b) = 2\cos\dfrac{2k\pi}{n}$, 而 $\cos\theta$ 在 $(0, \pi)$ 上严格单减, 因此 $\chi_k(b), 1 \leqslant k < \dfrac{n}{2}$, 互不相等. 因此, 我们得到 $\left[\dfrac{n-1}{2}\right]$ 个互不等价的二维不可约表示, 这是 $\mathcal{D}_n$ 的所有二维不可约表示.

思考题 4.1.5 试比较 $\mathcal{D}_4$ 和四元数群 Q_8 的特征标表.

4.1.2 正八面体群

正八面体群 $\mathcal{O} \cong S_4$, 而 S_4 的共轭类与 4 的划分一一对应, 其共轭类的代表元分别为

$$(1), \quad (12), \quad (123), \quad (1234), \quad (12)(34).$$

每个共轭类的元素个数分别为: 1, 6, 8, 6, 3. 于是, S_4 有 5 个不可约表示. 由于 $S_4^{(1)} = A_4$, 而 $|S_4/A_4| = 2$, 故 S_4 有两个一维表示: 平凡表示 ρ_1 和 符号表示 $\rho_2 = \mathrm{sgn}$. 另外三个表示 ρ_3, ρ_4, ρ_5 的维数 n_3, n_4, n_5 $(n_3 \leqslant n_4 \leqslant n_5)$ 满足

$$1^2 + 1^2 + n_3^2 + n_4^2 + n_5^2 = 24.$$

容易解得 $n_3 = 2$, $n_4 = n_5 = 3$.

由于 $\mathcal{O} \subseteq \mathrm{SO}(3)$, 故 $S_4 \cong \mathcal{O}$ 有一个自然的三维表示. 我们很快就会知道它是不可约的, 故不妨记为 ρ_4. S_3 的每个元素都是保持正八面体不变的旋转, 即对每个元素都存在一组基使得该元素的矩阵为

$$\begin{pmatrix} 1 & & \\ & \cos\theta & -\sin\theta \\ & \sin\theta & \cos\theta \end{pmatrix}.$$

旋转角度也可以直接从 S_4 的每个元素的阶看出来. 于是 ρ_4 的特征标为

	(1)	(12)	(123)	(1234)	(12)(34)
χ_4	3	-1	0	1	-1

由于 $(\chi_4, \chi_4) = \dfrac{1}{24}(3^2 \cdot 1 + (-1)^2 \cdot 6 + 0^2 \cdot 8 + 1^2 \cdot 6 + (-1)^2 \cdot 3) = 1$, 故 ρ_4 不可约.

注意到 $\chi_{\rho_4 \otimes \rho_2}((12)) = \chi_4((12))\chi_2((12)) = 1 \neq \chi_4((12))$, 由推论 3.2.21 可知 $\rho_4 \otimes \rho_2$ 是不等价于 ρ_4 的不可约表示, 自然是所求的另一个三维不可约表示 ρ_5.

S_4 的三维不可约表示也可以用其他方法得到, 如在例 2.3.9 中, 我们得到了 S_n 的 $n-1$ 维约减表示都是不可约的, 自然 S_4 的约减表示是三维不可约表示.

思考题 4.1.6 S_4 的约简表示等价于 ρ_4 还是 ρ_5?

现在, 利用特征标的正交关系不难计算出 χ_3, 从而得到 S_4 的特征标表如下:

	(1) (1)	(12) (6)	(123) (8)	(1234) (6)	(12)(34) (3)
χ_1	1	1	1	1	1
χ_2	1	-1	1	-1	1
χ_3	2	0	-1	0	2
χ_4	3	-1	0	1	-1
χ_5	3	1	0	-1	-1

注意到二维不可约表示只有一个, 自然有 $\chi_2\chi_3=\chi_3$, 这样可以得到 χ_3 的一些取值为 0, 如 $\chi_3((12))=\chi_3((1234))=0$. 此外, 利用第一、第二正交关系都可以计算特征标. 通常使用第二正交关系更方便一些, 因为用第一正交关系需要考虑共轭类的元素个数.

不过, 得到了 χ_3, 我们并不知道 ρ_3 具体的表达式. 注意到 S_4 有一个正规子群 $K_4=\{(1),(12)(34),(13)(24),(14)(23)\}$, 而 S_3 自然可以看作 S_4 的子群, 且 $S_4=S_3\ltimes K_4$. 于是 $S_3\cong S_4/K_4$, 即有 $\pi: S_4\to S_3\cong S_4/K_4$ 的自然满同态. 而 S_3 的二维约减表示是不可约的 (见例 3.3.8), 从而得到 S_4 的不可约表示 ρ_3. 其中 $K_4=\operatorname{Ker}\rho_3$. 注意到 (12), (234) 是 S_4 的生成元, 不难得到

$$\rho_3((12))=\begin{pmatrix}0&1\\1&0\end{pmatrix},\quad \rho_3((234))=\begin{pmatrix}-1&1\\-1&0\end{pmatrix}.$$

S_4 的特征标表有一个显著的特点, 我们将会看到这其实是所有对称群的共同特点, 也就是

思考题 4.1.7 * 对称群 S_n 的特征标表中的数都是整数.

4.1.3 正二十面体群

正二十面体群 $\mathcal{I}\cong A_5$. 前面我们在讨论点群的结构时已经得到了 $\mathcal{I}$ 的共轭类, 当然也可以直接计算 A_5 的共轭类的代表元如下:

$$(1),\quad (12)(34),\quad (123),\quad (12345),\quad (21345),$$

其中共轭类的元素个数分别为 $1,15,20,12,12$.

我们知道 A_5 是非 Abel 单群, 因此 A_5 没有非平凡正规子群, 其一维表示只

有平凡表示, 记为 ρ_1.

与 S_4 同样, 作为正二十面体的对称群, A_5 自然有一个三维表示, 记为 ρ_2, 且 $\rho_2(s)$ 都相似于矩阵

$$\begin{pmatrix} 1 & & \\ & \cos\theta & -\sin\theta \\ & \sin\theta & \cos\theta \end{pmatrix}.$$

由于 A_5 的自同构群在所有五阶元上的作用可递 (为什么?), 我们总可以假定所选择的同构 $A_5 \cong \mathcal{I}$ 将 (12345) 映为旋转 $\dfrac{2\pi}{5}$ 的正交变换. 于是可得 χ_2 为

	(1)	(12)(34)	(123)	(12345)	(12354)
	(1)	(15)	(20)	(12)	(12)
χ_2	3	-1	0	$1+2\cos\dfrac{2\pi}{5}$	$1+2\cos\dfrac{4\pi}{5}$

当然 $\cos\dfrac{2\pi}{5}$ 是可以计算出来的.

思考题 4.1.8 利用相似三角形、倍角公式或 5 次单位根的性质等不同方式来证明: $\cos\dfrac{2\pi}{5}=\dfrac{-1+\sqrt{5}}{4}$, $\cos\dfrac{4\pi}{5}=\dfrac{1-\sqrt{5}}{2}$.

注意到 A_5 的外自同构群不是平凡的. 实际上, 由于 $(12)(12345)(12)=(21345)$, 故 S_5 的内自同构 $\varphi:\sigma\mapsto(12)\sigma(12)$ 是 A_5 的外自同构, 且将 A_5 的两个五阶元的共轭类互换. 于是利用 φ 定义表示 $\rho_3=\rho_2\circ\varphi$, 且 $\chi_3\neq\chi_2$, 即 ρ_3 是不等价于 ρ_2 的三维不可约表示.

由例 2.3.9, S_5 在 $X=\{e_1,e_2,\cdots,e_5\}$ 上的自然作用得到的置换表示 (ρ,V) 是平凡表示 W 与四维约减表示 W' 的直和. 把 (ρ,V) 看作 A_5 的表示, 自然 W,W' 都是 A_5 的子表示, 其特征标为 χ,χ'. 自然有 $\chi'=\chi_\rho-\chi$. 容易求出 χ_ρ, 从而得到 χ':

	(1)	(12)(34)	(123)	(12345)	(12354)
	(1)	(15)	(20)	(12)	(12)
χ_ρ	5	1	2	0	0
χ'	4	0	1	-1	-1

于是, $(\chi',\chi')=\dfrac{1}{60}(4^2+20+12+12)=1$. 故 W' 不可约, 记该表示为 ρ_4, 其特征标为 $\chi_4=\chi'$.

上述结论可以推广.

思考题 4.1.9 设 $n>3$, 则 A_n 在集合 $\{e_1,e_2,\cdots,e_n\}$ 上的自然作用对应的置换表示是一维平凡表示与 $n-1$ 维不可约表示的直和.

对于由一般的可递作用得到的置换表示, 情况会很复杂, 例如左正则表示或循环群的可递作用得到的表示等. 不过, 我们有如下推广.

思考题 4.1.10 设 G 作用在 n 元集合 X 上, 如果对于任意 $x_1, x_2, y_1, y_2 \in X$, 其中 $x_1 \neq y_1$, $x_2 \neq y_2$, 存在 $s \in G$ 使得 $sx_1 = x_2, sy_1 = y_2$, 则称该作用是**双可递**的. 换言之, 考虑集合

$$\{(x, y) | x, y \in X, x \neq y\},$$

定义 G 在其上的自然作用

$$s \cdot (x, y) = (sx, sy),$$

则该作用是可递的. 双可递作用是可递的, 并且对于任意 $x \in X$, 其迷向子群在 X 上的轨道只有两个: $\{x\}$ 与 $X \setminus \{x\}$. 反之亦然. 由双可递作用得到的置换表示都是一维平凡表示与 $n-1$ 维不可约表示的直和.

现在我们可以求 A_5 的第五个不可约表示了. 其维数 n_5 满足

$$1^2 + 3^2 + 3^2 + 4^2 + n_5^2 = 60.$$

故 $n_5 = 5$. 利用第二正交关系可得其特征标, 从而得到 A_5 的特征标表:

	(1) (1)	(12)(34) (15)	(123) (20)	(12345) (12)	(12354) (12)
χ_1	1	1	1	1	1
χ_2	3	-1	0	$\frac{1+\sqrt{5}}{2}$	$\frac{1-\sqrt{5}}{2}$
χ_3	3	-1	0	$\frac{1-\sqrt{5}}{2}$	$\frac{1+\sqrt{5}}{2}$
χ_4	4	0	1	-1	-1
χ_5	5	1	-1	0	0

我们得到了 χ_5, 但是特征标并不能告诉我们其对应的表示是什么. 设 X 是 A_5 的 Sylow 5-子群的全体, 自然 $|X| = 6$, 且 A_5 在 X 上的自然作用是可递的. 其实 A_5 在 6 个元素的集合上的作用也可以从几何上得到. 正十二面体有 6 条对角线, $\mathcal{I}$ 在其上的作用可递. 这个作用不是双可递的, 但由这样的作用得到的置换表示仍然是一维平凡表示与五维不可约表示的直和. 验证留给读者. 需要指出的是, 除了 $n = 6$, 其他 A_{n-1} 在 n 个元素的集合上的作用都不是可递的, 或者用子群的观点描述为

思考题 4.1.11 当 $n \neq 6$ 时, A_n 中的任何同构于 A_{n-1} 的子群在 A_n 的内自同构下是共轭的. A_6 的同构于 A_5 的子群在内自同构群的作用下分为两类. 由此可以构造 A_6 的非平凡的外自同构.

如果用对称群 S_n 来表述, 结论是类似的:

思考题 4.1.12 (1) 当 $n \neq 2, 6$ 时, $\mathrm{Aut}\,(S_n) \cong S_n$;

(2) $\mathrm{Aut}\,(S_2)$ 为平凡群, $\mathrm{Aut}\,(S_6) \cong \mathbb{Z}_2 \ltimes S_6$.

在几何上, 我们通常用 S^n 表示 $n+1$ 维 Euclid 空间上的单位球面. 一个有趣的对应现象是: 当 $n \neq 2, 6$ 时, 单位球 S^n 上没有复结构; 而 S^2 上有复结构, S_6 上有近复结构, 目前还不知道 S^6 上是否有复结构. 对称群 S_n 与单位球 S^n 在记号上的相似之处或许并不是巧合, 其中是否有一些深层次的联系?

4.2 McKay 图

1980 年, McKay 发现了 SU(2) 的有限子群、复单李代数的扩张 Dynkin 图及其他数学对象之间的联系. 为了介绍这个对应, 我们首先需要得到 SU(2) 的有限子群的分类, 这可以借助点群的分类结果.

首先, 我们从四元数体 $\mathbb{H}$ 出发来建立 SU(2) 与 SO(3) 之间的联系. 考虑四元数的二阶矩阵实现方式 (3.1), 即 $\mathbb{H}$ 中元素都形如 $q = \begin{pmatrix} a+bi & c+di \\ -c+di & a-bi \end{pmatrix}$, 其中 $a, b, c, d \in \mathbb{R}$. 作为实线性空间, $\mathbb{H}$ 的一组基为 $\boldsymbol{1}, \boldsymbol{i}, \boldsymbol{j}, \boldsymbol{k}$ (见 (3.2)), 自然有 $q = a + b\boldsymbol{i} + c\boldsymbol{j} + d\boldsymbol{k}$ (一般将 $a\boldsymbol{1}$ 简记为 a). 取 $\mathbb{H}$ 上的内积 $(\ ,\ )$ 使得 $\boldsymbol{1}, \boldsymbol{i}, \boldsymbol{j}, \boldsymbol{k}$ 是一组标准正交基, 于是 q 的长度 $\|q\|$ 满足 $\|q\|^2 = a^2 + b^2 + c^2 + d^2$. 实际上, $\|q\|^2 = \det q$. 于是, 对 $q, q_1 \in \mathbb{H}$, 有 $\|qq_1\| = \|q\|\|q_1\|$.

注意到

$$\mathrm{SU}(2) = \left\{ \begin{pmatrix} \alpha & \beta \\ -\overline{\beta} & \overline{\alpha} \end{pmatrix} \middle| \alpha, \beta \in \mathbb{C}, |\alpha|^2 + |\beta|^2 = 1 \right\},$$

因此 $\mathrm{SU}(2) = \{q \in \mathbb{H} | \|q\| = 1\}$. 对任意 $q \in \mathbb{H}$ 我们考虑映射

$$\gamma_q(q_1) = q q_1 q^{-1}.$$

自然 γ_q 是 $\mathbb{H}$ 上的线性变换, 且

$$\|\gamma_q(q_1)\| = \|q q_1 q^{-1}\| = \|q\|\|q_1\|\|q^{-1}\| = \|q_1\|.$$

因此 γ_q 是 $\mathbb{H}$ 上的正交变换. 注意到对任意 $q \in \mathrm{SU}(2)$, $\gamma_q(\boldsymbol{1}) = \boldsymbol{1}$, 故 $\mathrm{Span}\{\boldsymbol{1}\}$ 的正交补空间 $W = \mathrm{Span}\{\boldsymbol{i}, \boldsymbol{j}, \boldsymbol{k}\}$ 也是 γ_q 的不变子空间. 从而 $\gamma_q|_W \in \mathrm{O}(W)$. 在 W 的标准正交基 $\boldsymbol{i}, \boldsymbol{j}, \boldsymbol{k}$ 下, $\gamma_q|_W$ 的矩阵为

$$\gamma(q) = \begin{pmatrix} a^2+b^2-c^2-d^2 & 2(-ad+bc) & 2(ac+bd) \\ 2(ad+bc) & a^2-b^2+c^2-d^2 & 2(-ab+cd) \\ 2(-ac+bd) & 2(ab+cd) & a^2-b^2-c^2+d^2 \end{pmatrix}.$$

思考题 4.2.1 对任意 $q \in \mathrm{SU}(2)$, $|\gamma_q| = (a^2+b^2+c^2+d^2)^3 = 1$.

于是我们有映射

$$\gamma : \mathrm{SU}(2) \to \mathrm{SO}(3), \quad q \mapsto \gamma(q).$$

令 $a = \cos\frac{\theta}{2}, b = \sin\frac{\theta}{2}, c = d = 0$ 和 $a = \cos\frac{\psi}{2}, d = \sin\frac{\psi}{2}, b = c = 0$, 可得

$$\gamma\left(\cos\frac{\theta}{2} + \sin\frac{\theta}{2}\boldsymbol{i}\right) = \begin{pmatrix} 1 & 0 & 0 \\ 0 & \cos\theta & -\sin\theta \\ 0 & \sin\theta & \cos\theta \end{pmatrix};$$

$$\gamma\left(\cos\frac{\psi}{2} + \sin\frac{\psi}{2}\boldsymbol{k}\right) = \begin{pmatrix} \cos\psi & -\sin\psi & 0 \\ \sin\psi & \cos\psi & 0 \\ 0 & 0 & 1 \end{pmatrix}.$$

注意到任何三阶特殊正交矩阵都有如下形式 (其中, φ, θ, ψ 是其 Euler 角):

$$\begin{pmatrix} \cos\varphi & -\sin\varphi & 0 \\ \sin\varphi & \cos\varphi & 0 \\ 0 & 0 & 1 \end{pmatrix} \begin{pmatrix} 1 & 0 & 0 \\ 0 & \cos\theta & -\sin\theta \\ 0 & \sin\theta & \cos\theta \end{pmatrix} \begin{pmatrix} \cos\psi & -\sin\psi & 0 \\ \sin\psi & \cos\psi & 0 \\ 0 & 0 & 1 \end{pmatrix},$$

我们可以得到

定理 4.2.2 上述映射 $\gamma : \mathrm{SU}(2) \to \mathrm{SO}(3)$ 是群的满同态, 且 $\mathrm{Ker}\,\gamma = \{\pm I_2\}$ 是 $\mathrm{SU}(2)$ 的中心.

现在我们可以考虑 $\mathrm{SU}(2)$ 的有限子群 G. 如果 $-I_2 \notin G$, 则 $G \cong \gamma(G)$; 如果 $-I_2 \in G$, 则 $G/\{\pm I_2\} \cong \gamma(G)$. 首先注意到

引理 4.2.3 $\mathrm{SU}(2)$ 中的二阶元只有 $-I_2$.

证 设 $T \in \mathrm{SU}(2)$ 为二阶元, 即 $T^2 = I_2$, 则 T 可对角化, 且 T 的特征值为 ± 1. 由于 $|T| = 1$, 且 $T \neq I_2$, 故 T 的特征值只有 -1. 于是 $T = -I_2$. □

当然, 如果知道一点 Lie 群与 Lie 代数的关系就不用这么费劲了.

设 G 是 $\mathrm{SU}(2)$ 的有限子群. 如果 $-I_2 \notin G$, 则 G 中没有二阶元, 即 $G \cong \gamma(G)$ 为奇数阶群. 而 $\gamma(G)$ 作为 $\mathrm{SO}(3)$ 的奇数阶子群只能是 $\mathcal{C}_{2k+1}$. 因此 $\mathrm{SU}(2)$ 的偶数阶子群 G 都形如 $\gamma^{-1}(H)$, 其中 H 是 $\mathrm{SO}(3)$ 的所有有限子群. 如果 $G = \gamma^{-1}(\mathcal{C}_n)$, 其中 $\mathcal{C}_n = \langle a | a^n = 1 \rangle$, 取任意 $a^* \in \gamma^{-1}(a)$, $\gamma((a^*)^n) = a^n = 1$, 故 $(a^*)^n = \pm 1$, $(a^*)^{2n} = 1$. 如果 $-I_2 \in \langle a^* \rangle$, 则 $G = \langle a^* \rangle \cong \mathcal{C}_{2n}$; 如果 $-I_2 \notin \langle a^* \rangle$, 由于 $\langle a^* \rangle$ 中

不含二阶元, $n = 2k+1$ 为奇数, 而 $-a^*$ 为 $2n$ 阶元, 即 $G = \langle -a^* \rangle \cong \mathcal{C}_{2n}$. 分别记 $\mathcal{D}_n, A_4, S_4, A_5$ 对应于的 SU(2) 的子群为 $\mathcal{D}_n^*, A_4^*, S_4^*, A_5^*$. 因此我们有

定理 4.2.4 SU(2) 的任何有限子群都同构于如下子群之一.

G	生成元和生成关系	$\|G\|$
$\mathcal{C}_n$	$\langle a \| a^n = 1 \rangle$	n
$\mathcal{D}_n^*$	$\langle a,b,c \| a^2 = b^2 = c^n = abc \rangle$	$4n$
A_4^*	$\langle a,b,c \| a^2 = b^3 = c^3 = abc \rangle$	24
S_4^*	$\langle a,b,c \| a^2 = b^3 = c^4 = abc \rangle$	48
A_5^*	$\langle a,b,c \| a^2 = b^3 = c^5 = abc \rangle$	120

注记 4.2.5 这里又出现了一个神奇的现象: 各子群的生成元的幂分别为

$$n, \quad (2,2,n), \quad (2,3,3), \quad (2,3,4), \quad (2,3,5)!$$

现在我们可以考虑 SU(2) 的有限子群 G 的表示. 由于 G 自然作用在 $V = \mathbb{C}^2$ 上, 故有一个二维忠实表示 (ρ, V). 除了 $G \cong \mathcal{C}_n$, (ρ, V) 都是不可约的. 进一步, 对任意 $s \in G \subset \mathrm{SU}(2)$, $\rho(s)$ 可对角化, 且特征值为两个共轭的模长为 1 的复数 $\lambda, \overline{\lambda}$. 于是 $\chi_\rho(s) = \lambda + \overline{\lambda} \in \mathbb{R}$. 于是我们有

引理 4.2.6 作为 G 的表示, V 是自对偶的, 即 $V \cong V^*$.

设 V_i, V_j 为 G 的两个不等价的不可约表示. 考虑 V_i 在 $V \otimes V_j$ 中的重数

$$m(V_i, V \otimes V_j) = \dim \mathrm{Hom}_G(V_i, V \otimes V_j),$$

我们有

引理 4.2.7 $m(V_i, V \otimes V_j) = m(V_j, V \otimes V_i)$.

证 利用表示重数与特征标的关系, 我们有

$$\begin{aligned} m(V_i, V \otimes V_j) &= (\chi_i, \chi_V \chi_j) \\ &= \frac{1}{|G|} \sum_{s \in G} \chi_i(s) \overline{\chi_V(s) \chi_j(s)} \\ &= \frac{1}{|G|} \sum_{s \in G} \overline{\chi_j(s) \overline{\chi_i(s) \chi_V(s)}} \\ &= \overline{(\chi_j, \chi_V \chi_i)} \\ &= m(V_j, V \otimes V_i). \end{aligned}$$

□

我们可以对 SU(2) 的有限子群 G 构造一个图: 图的顶点即为 G 的所有不可约表示 V_i; 两个顶点 V_i 与 V_j 之间的边数为 $a_{ij} = m(V_i, V \otimes V_j)$; 对于每个顶点 V_i

赋予一个值 $d_i = \dim V_i$. 称这样的图为 **McKay 图**.

例 4.2.8　设 $G \cong \mathcal{C}_n = \langle a|a^n = 1\rangle$, 由例 2.1.8 可知

$$\widehat{G} = \{(\rho_1, V_1), (\rho_2, V_2), \cdots, (\rho_n, V_n)\},$$

其中, $\rho_k(a) = \mathrm{e}^{\frac{2(k-1)\pi\sqrt{-1}}{n}}$. 于是 $V \cong V_2 \oplus V_n$, $V_j \otimes V \cong V_{j+1} \oplus V_{j-1}$. 这里 $V_0 = V_n$, $V_{n+1} = V_1$. 于是 $\mathcal{C}_n$ 的 McKay 图 (其中有 n 个顶点) 为图 4.1.

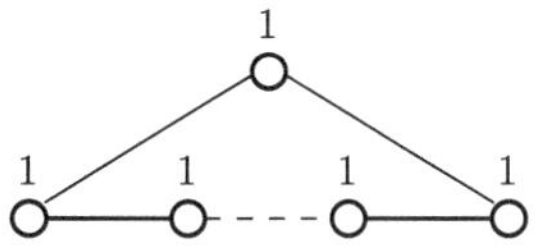

图 4.1　$\mathcal{C}_n$ 的 McKay 图

其中, $\mathcal{C}_1$ 的 McKay 图只有一个顶点, $\mathcal{C}_2$ 的 McKay 图如图 4.2 所示.

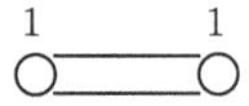

图 4.2　$\mathcal{C}_2$ 的 McKay 图

我们可以直接计算出每个群的不可约表示的全体, 再考虑每个不可约表示与 V 的张量积分解, 从而得到 McKay 图. 不过, 我们将发现, 不需要这些比较复杂的计算, 直接考虑 McKay 图的性质, 我们已经可以给出 McKay 图的分类. 首先我们有如下命题.

命题 4.2.9　设 (π, V) 为 G 的 d 维忠实自对偶表示, 则对任意不可约表示 (ρ_i, V_i), 存在 $n \in \mathbb{N}^*$, 使得 V_i 在 $V^{\otimes n}$ 中出现.

证　设 χ_i, χ 分别为 $(\rho_i, V_i), (\rho, V)$ 的特征标. 若 V_i 不在任何 $V^{\otimes n}$ 中出现, 则对任意 $n \in \mathbb{N}^*$, $m(V_i, V^{\otimes n})$. 于是

$$(\chi_i, \chi^n) = \frac{1}{|G|}\sum_{s\in G}\chi_i(s)\overline{\chi(s)^n} = \frac{1}{|G|}\sum_{s\in G}\chi_i(s)\chi(s)^n = 0. \tag{4.1}$$

注意到 $-d \leqslant \chi(s) \leqslant d$, 且 V 为忠实表示, 故集合

$$C_\chi = \{s \in G|\chi(s) = \pm d\}$$

中除了幺元外至多还有一个元素. 于是由 (4.1) 可知对任意 $n \in \mathbb{N}^*$ 有

$$\sum_{s\in G}\chi_i(s)\left(\frac{\chi(s)}{d}\right)^n=1+(-1)^n(|C_\chi|-1)+\sum_{s\notin C_\chi}\chi(s)\left(\frac{\chi_i(s)}{d}\right)^n=0.$$

注意到当 $s\notin C_\chi$ 时有 $\left|\frac{\chi(s)}{d}\right|<1$, 故存在 N 使得 $n>N$ 时

$$\left|\sum_{s\notin C_\chi}\chi(s)\left(\frac{\chi_i(s)}{d}\right)^n\right|<1.$$

从而必有 $\left|\sum_{s\notin C_\chi}\chi(s)\left(\frac{\chi_i(s)}{d}\right)^n\right|=0$. 于是, 对任意 $n>N$, $1+(-1)^n(|C_\chi|-1)=0$. 矛盾. □

因此我们有

推论 4.2.10 McKay 图是连通的.

证 只需考虑 G 是非 Abel 群, 此时 $V=\mathbb{C}^2$ 为 G 的忠实的不可约表示. 记 (ρ_1,V_1) 为 G 的平凡表示, 则 $V_1\otimes V\cong V$, 故在 McKay 图中, V_1 与 V 之间有一条边, 而 V 与 $V\otimes V$ 的每个不可约子表示也是相邻的, $V^{\otimes 3}$ 的每个不可约子表示也与 $V\otimes V$ 的某个不可约子表示相邻. 以此类推, $V^{\otimes n}$ 的任何一个不可约子表示在 McKay 图上都与 V_1 是连通的. 而由上述命题可知, G 的每个不可约表示都是某个 $V^{\otimes n}$ 的子表示. 因此, G 的 McKay 图是连通的. □

我们再来考虑两个顶点之间的边数. 对于任何不可约表示 (ρ_i,V_i), 将 $V_i\otimes V$ 分解为不可约表示的直和有

$$V_i\otimes V=\sum_j a_{ij}V_j.$$

考虑等式两边的维数有

$$2d_i=\sum_j a_{ij}d_j. \tag{4.2}$$

引理 4.2.11 设 $G\neq\mathcal{C}_1$ 或 $\mathcal{C}_2$, 则 $a_{ij}\leqslant 1$.

证 不妨设 $G\neq\mathcal{C}_1$, $a_{ij}=a_{ji}\geqslant 2$. 于是

$$\begin{cases}2d_i=a_{ij}d_j+\sum\limits_{k\neq i,j}a_{ik}d_k,\\2d_j=a_{ji}d_i+\sum\limits_{k\neq i,j}a_{jk}d_k.\end{cases}$$

将上两式相加可得

$$(a_{ji}-2)d_i+(a_{ij}-2)d_j+\sum_{k\neq i,j}(a_{ik}+a_{jk})d_k=0.$$

上式左边每一项都是非负的, 故我们有 $a_{ij}=a_{ji}=2$, 且当 $k\neq i,j$ 时有 $a_{ik}=a_{jk}=0$. 因此 G 只有两个不可约表示, 其 McKay 图为

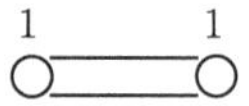

此时容易看出 $G=\mathcal{C}_2$. □

由此, 对于 $G\neq\mathcal{C}_1,\mathcal{C}_2$, 其 McKay 图的特点为: ① McKay 图是连通的, 且任何两个顶点之间最多有一条边; ② 每个顶点的赋值 d_i 为与之相邻的顶点的赋值之和的一半.

通过初等的方法可以得到满足上述两条性质的图的分类 (图 4.3), 其中每个图的顶点个数为左侧的符号下标加 1. 具体过程留给读者.

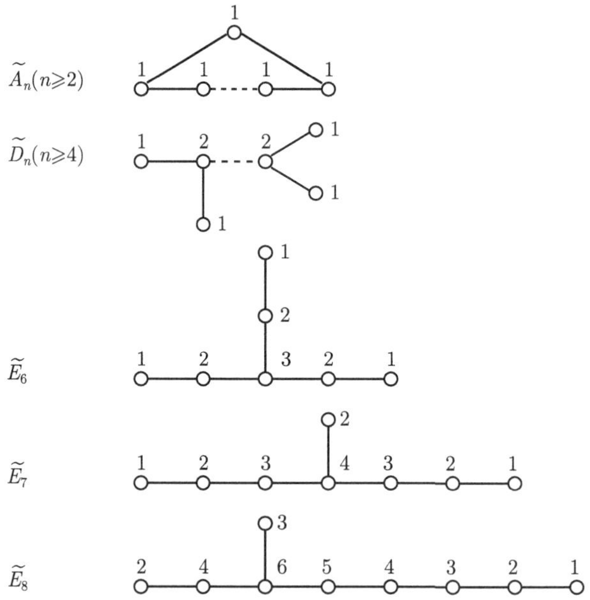

图 4.3　McKay 图

由于每个不同构于 $\mathcal{C}_1,\mathcal{C}_2$ 的点群 G 都对应于一个 McKay 图, 且图的顶点的赋值恰为 G 的不可约表示的维数, 其平方和即为 $|G|$, 故不难得到上述的每个图

必然是某个点群的 McKay 图. 在每个 McKay 图中去掉任意一个赋值为 1 的顶点, 则可得到我们前文提到的 Dynkin 图; 或者说, McKay 图是一些扩张 Dynkin 图. 由于 Dynkin 图还有其他类型, McKay 的方法被一些学者推广了, 从而得到其他类型的扩张 Dynkin 图, 这就不在本书讨论范围之内了.

第 5 章　群代数

Frobenius 于 1897 年引入了结合代数的方法来研究特征标. 而 Theodor Molien 在 1893 年已经得到了复半单结合代数的结构定理并于 1897 年将他的结果应用到有限群的表示中, 从而也独立地得到了有限群表示论的基本理论. Noether 的杰出工作更是将这些研究推广到了一般的非交换环上, 表示论也就发展成了更一般的模论. 对于群表示论本身, 群代数的引入也带来了意想不到的收获, 得到了特征标的整性, 由此发现不可约复表示的维数是群的阶的因子, 并由 Burnside 证明 p^aq^b 群的可解性的判别, 从而把表示论引入了有限单群分类这一庞大问题中.

5.1　结 合 代 数

设 (ρ, V) 是有限群 G 的 $\mathbb{F}$-表示, 则 $\rho(G)$ 是 $\mathrm{GL}(V)$ 的子群. G 中的元素只有乘法运算, 但作为 $\mathrm{End}\,V$ 的子集, $\rho(G)$ 中的元素可以作加法和数乘运算. 如果考虑集合

$$\left\{\sum_{s\in G} a_s\rho(s)\middle| a_s\in\mathbb{Z}\right\},$$

则得到了一个环. 如果考虑集合

$$\mathbb{F}G_\rho=\left\{\sum_{s\in G} a_s\rho(s)\middle| a_s\in\mathbb{F}\right\}, \tag{5.1}$$

则得到 $\mathrm{End}\,V$ 的一个子空间, 它对于线性变换的加法、数乘和乘法运算都是封闭的. 为了更好地研究此类空间的结构特点, 从而为研究群表示提供更多的方法, 我们引入如下定义.

定义 5.1.1　设 $\mathcal{A}$ 是 $\mathbb{F}$-线性空间, 如果 $\mathcal{A}$ 上有一个二元运算 (记为 ab) 满足

双线性性, 即对任意 $a,b,c\in\mathcal{A}$, $k,l\in\mathbb{F}$, 有

$$a(kb+lc)=k(ab)+l(ac),\quad (kb+lc)a=k(ba)+l(ca),$$

则称 $\mathcal{A}$ 是一个 $\mathbb{F}$-代数. 如果这个二元运算还满足结合律, 即

$$a(bc)=(ab)c,$$

则称 $\mathcal{A}$ 为 $\mathbb{F}$-结合代数. 换言之, 一个结合代数实际上既是线性空间也是环, 其中, 环的加法与线性空间的加法一致, 环的乘法与线性空间的数乘满足

$$k(ab)=(ka)b=a(kb),\quad \forall k\in\mathbb{F},a,b\in\mathcal{A}.$$

称 $\mathcal{A}$ 的子空间 $\mathcal{B}$ 为子代数, 如果 $\mathcal{B}$ 对于乘法是封闭的, 即对任意 $a,b\in\mathcal{B}$, 有 $ab\in\mathcal{B}$. 称 $\mathcal{A}$ 的子空间 $\mathcal{I}$ 为 $\mathcal{A}$ 的左理想(或右理想), 如果对任意 $a\in A,b\in\mathcal{I}$ 有 $ab\in\mathcal{I}$ (或 $ba\in\mathcal{I}$). 如果 $\mathcal{I}$ 既是左理想又是右理想, 则称 $\mathcal{I}$ 为 $\mathcal{A}$ 的双边理想, 简称理想. 自然 $\{0\}$ 和 $\mathcal{A}$ 都是 $\mathcal{A}$ 的理想, 称为平凡理想. 若 $\mathcal{I}$ 是 $\mathcal{A}$ 的理想, 可以验证商空间 $\mathcal{A}/\mathcal{I}$ 上有自然的结合代数结构, 称其为商代数. 称一个结合代数为单结合代数, 如果它没有非平凡理想且 $\mathcal{A}^2=\mathrm{Span}\{ab|a,b\in\mathcal{A}\}\neq\{0\}$.

如无特殊说明, 本书中提到的环或者代数都是有幺元的, 记幺元为 1. 结合代数是一类特殊的环, 因此上述概念与环论中的概念是一致的. 我们熟知的结合代数有多项式代数 $\mathbb{F}[x]$, 矩阵代数 $\mathbb{F}^{n\times n}$, 线性空间 V 上的线性变换的全体 $\mathrm{End}\,V$ 等, 它们是结合代数的重要源泉.

不同代数之间的联系始终是代数研究中关注的重点. 对于结合代数我们有

定义 5.1.2 设 $\mathcal{A},\mathcal{A}'$ 为 $\mathbb{F}$ 上的结合代数, 称 $\varphi\in\mathrm{Hom}\,(\mathcal{A},\mathcal{A}')$ 为代数同态, 若

$$\varphi(ab)=\varphi(a)\varphi(b),\quad \forall a,b\in\mathcal{A}.$$

如果 $\mathcal{A},\mathcal{A}'$ 有幺元, 通常要求 φ 将幺元映到幺元. 若 φ 还是双射, 则称 φ 为代数同构, 也称两个代数是同构的. 特别地, $\mathcal{A}$ 到自身的代数同构的全体记为 $\mathrm{Aut}\,(\mathcal{A})$, 称为 $\mathcal{A}$ 的自同构群.

容易看出 $\mathrm{Ker}\,\varphi$ 是 $\mathcal{A}$ 的理想, $\mathrm{Im}\,\varphi$ 是 $\mathcal{A}'$ 的子代数. 自然地, $\mathcal{A}/\mathrm{Ker}\,\varphi$ 与 $\mathrm{Im}\,\varphi$ 是同构的结合代数.

在 (5.1) 中定义的子集是结合代数 $\mathrm{End}\,V$ 的子代数, 自然也是一个结合代数. 当然, G 的不同表示会得到不同的结合代数. 为了更方便研究表示论, Frobenius

引入了如下定义.

定义 5.1.3 设 G 为一个有限群, 记 $\mathbb{F}G$ 为以 G 中元素作为基的 $\mathbb{F}$-线性空间, 即 $\mathbb{F}G$ 中任何元素都形如

$$f=\sum_{s\in G}a_s s,\quad a_s\in\mathbb{F}.$$

将 G 上的乘法自然地延拓成 $\mathbb{F}G$ 上的乘法, 从而使得 $\mathbb{F}G$ 成为结合代数, 称之为 G 的**群代数**.

对群 G 的任何 $\mathbb{F}$-表示 (ρ,V), 我们自然可以得到唯一的 $\mathbb{F}G$ 到 $\operatorname{End}V$ 的线性映射, 仍记为 ρ,

$$\rho\left(\sum_{s\in G}a_s s\right)=\sum_{s\in G}a_s\rho(s). \tag{5.2}$$

容易验证, ρ 是 $\mathbb{F}G$ 到 $\operatorname{End}V$ 的代数同态, 其像集就是我们在本节开始时考虑的集合 $\left\{\sum\limits_{s\in G}a_s\rho(s)\middle|a_s\in\mathbb{F}\right\}$.

我们希望通过环和代数的工具来研究群表示, 自然需要考虑环和代数的模或表示. 20 世纪初, Noether 在交换环的模论取得成功的基础上研究了非交换环的模论, 而结合代数作为环的特殊情况自然可以应用 Noether 的结果. 我们知道, 任意 Abel 群 M, 其自同态的全体

$$\operatorname{End}M=\{\varphi:M\to M|\varphi(a+b)=\varphi(a)+\varphi(b)\}$$

自然是一个环; 而一个线性空间 V 自然是一个 Abel 群, 其上的线性变换的全体 $\operatorname{End}V$ 不仅是一个环, 也是一个结合代数. 类似于群 G 的表示是 G 到 $\mathrm{GL}(V)$ 的群同态, 称代数同态 $\rho:\mathcal{A}\to\operatorname{End}V$ 为代数 $\mathcal{A}$ 的**表示**, 记为 (ρ,V), 我们也称 V 为 $\mathcal{A}$ 的**左模** 或左 $\mathcal{A}$-模. 这里, 如果 $\mathcal{A}$ 有幺元 1, 我们自然要求 $\rho(1)=\mathrm{id}_V$. 同样可以定义**右模**的概念, 只需要求线性映射 $\rho:\mathcal{A}\to\operatorname{End}V$ 为**反代数同态**, 即对任意 $a,b\in\mathcal{A}$ 有

$$\rho(ab)=\rho(b)\rho(a).$$

本书余下部分, 如无特殊说明, 提到的 $\mathcal{A}$-模都是左模. 同样可以定义子模 (子表示)、商模 (商表示)、模的直和与完全可约性、**不可约模**(也称为**单模**、**不可约表示**) 等概念. 代数的表示论和环的模论类似, 只是代数本身与模上都有线性空间结构. 对于代数 $\mathcal{A}$ 的两个模 $(\rho,V),(\pi,W)$, 我们也可以考虑两者的关系. 称线性

映射 $\mathcal{T}:V\to W$ 为**模同态**, 如果对任意 $a\in\mathcal{A}$, $v\in V$, $\mathcal{T}(\rho(a)v)=\pi(a)\mathcal{T}(v)$. 特别地, 如果模同态 $\mathcal{T}$ 可逆, 则称 V 与 W **同构**, 记为 $V\cong W$. 所有模同态的全体记为 $\mathrm{Hom}_{\mathcal{A}}(V,W)$. 对于不可约模我们也有 **Schur 引理**, 与群表示的情形完全一致, 在此不再赘述.

例 5.1.4 给定 $T\in\mathrm{GL}(n,\mathbb{F})$, 映射 $A\mapsto TAT^{-1}$ 是 $\mathbb{F}^{n\times n}$ 上的自同构. 对任意 $A\in\mathbb{F}^{n\times n}$, 记 A' 为 A 的转置, 则映射 $A\mapsto A'$ 是 $\mathbb{F}^{n\times n}$ 上的反自同构.

例 5.1.5 设 V 是 n 维 $\mathbb{F}$-线性空间, $e_1,e_2,\cdots,e_n$ 是 V 的一组基, 任意 $\varphi\in\mathrm{End}\,V$ 在该组基下的矩阵为 A_φ, 于是有 $\mathrm{End}\,V$ 到 $\mathbb{F}^{n\times n}$ 的代数同构. 从 $\mathbb{F}^{n\times n}$ 上的反自同构也自然得到 $\mathrm{End}\,V$ 的反自同构.

例 5.1.6 作为结合代数, $\mathcal{A}$ 上的乘法结合律可以用另一种方式来表述. 记 $L_a(b)=ab, R_a(b)=ba$, 则 $L_a,R_a\in\mathrm{End}\,\mathcal{A}$, 分别称为左乘变换和右乘变换. 结合律就可以改写为

$$L_aL_b(c)=L_{ab}(c),\quad R_{bc}(a)=R_cR_b(a),$$

即作为 $\mathcal{A}$ 上的线性变换, $L_{ab}=L_aL_b, R_{bc}=R_cR_b$. 于是映射 $L(a)=L_a$ 是 $\mathcal{A}$ 到 $\mathrm{End}\,\mathcal{A}$ 的代数同态, 自然也是 $\mathcal{A}$ 的一个表示, 称为左正则表示. 容易看出, 左正则表示的左子模与 $\mathcal{A}$ 的左理想是一回事. 而映射 $R(a)=R_a$ 是 $\mathcal{A}$ 到 $\mathrm{End}\,\mathcal{A}$ 的反代数同态. 这样, $\mathcal{A}$ 也可以看作自身的右模, 右理想对应的是右子模.

左正则表示实际上把每个含幺元的结合代数映成了某个线性变换代数或者矩阵代数的子代数. 把抽象的代数实现成矩阵, 我们就可以利用熟知的矩阵技巧来研究代数结构.

考虑群代数 $\mathbb{F}G$ 的表示 (ρ,V), 由于 G 可以自然地看作 $\mathbb{F}G$ 的子集, 则对任意 $s\in G$, 有 $\rho(1)=\rho(ss^{-1})=\rho(s)\rho(s^{-1})$. 因此, $\rho(s)\in\mathrm{GL}(V)$. 因此 (ρ,V) 也是 G 的表示. 反之, 对于 G 的 $\mathbb{F}$-表示 (ρ,V), 我们在 (5.2) 定义了 $\mathbb{F}G$ 到 $\mathrm{End}\,V$ 的代数同态, 即得到了 $\mathbb{F}G$ 的表示. 于是我们有

命题 5.1.7 有限群 G 的 $\mathbb{F}$-表示与其群代数 $\mathbb{F}G$ 的表示之间存在自然的一一对应.

将 (ρ,V) 同时看作 G 与 $\mathbb{F}G$ 的表示, 其中的 G-子表示自然也是 $\mathbb{F}G$ 的子表示, 反之亦然. 而 G 的任何有限维常表示是完全可约的, 故 $\mathbb{F}G$ 的任何有限维 $\mathbb{F}$-表示也是完全可约的. 因此, 作为结合代数, $\mathbb{F}G$ 有非常好的性质. 我们不妨研究一类更广的结合代数.

定义 5.1.8 设 $\mathcal{A}$ 是有限维结合代数 (其作为线性空间是有限维的), 称 $\mathcal{A}$ 为

半单的, 如果 $\mathcal{A}$ 的任何有限维模 V 都是完全可约的.

上述定义对于右模也是成立的. 设 V 是 n 维左 $\mathcal{A}$-模, 即有代数同态 $\rho:\mathcal{A}\to \operatorname{End}V$. 由例 5.1.5, $\operatorname{End}V$ 上存在反自同构 τ. 于是 $\tau\circ\rho:\mathcal{A}\to\operatorname{End}V$ 为右 $\mathcal{A}$-模. 反之亦然. 因此, 至少对于 $\operatorname{End}V$ 而言, 左模与右模之间存在一一对应. 下文对左模的结论可以类似地用右模的语言来表述.

半单结合代数 $\mathcal{A}$ 看作其自身的左模自然是完全可约的, 其直和

$$\mathcal{A}^r=\underbrace{\mathcal{A}\oplus\mathcal{A}\oplus\cdots\oplus\mathcal{A}}_{r}$$

也是完全可约的. 再注意到 $\mathcal{A}$ 的任意有限维表示都是某个 $\mathcal{A}^r$ 的商模, 于是有

定理 5.1.9 设 $\mathcal{A}$ 是有限维结合代数, 则 $\mathcal{A}$ 是半单的当且仅当其左正则表示是完全可约的.

5.2 半单结合代数

半单结合代数 $\mathcal{A}$ 的左正则表示是完全可约的, 自然可以分解为不可约子表示的直和. 左正则表示的子表示就是 $\mathcal{A}$ 的左理想, 其中的不可约子表示对应的左理想不包含其他非零左理想, 称为**极小左理想**.

设 $\mathcal{I}$ 为 $\mathcal{A}$ 的一个左理想, 则存在 $\mathcal{A}$ 的左理想 $\mathcal{I}'$ 使得

$$\mathcal{A}=\mathcal{I}\oplus\mathcal{I}'.$$

于是, $\mathcal{A}$ 的幺元 1 可以唯一地分解为 $1=e+e'$, $e\in\mathcal{I}$, $e'\in\mathcal{I}'$. 对任意 $x\in\mathcal{I}$ 有

$$x=x\cdot 1=x(e+e')=xe+xe'.$$

于是 $xe\in\mathcal{I}$, $xe'\in\mathcal{I}'$. 故

$$xe=x,\quad xe'=0.$$

特别地, 我们有 $ee=e$, $ee'=0$. 同理 $e'e'=e'$, $e'e=0$. 我们引入如下定义.

定义 5.2.1 设 $\mathcal{A}$ 为一个结合代数, 称 $e\in\mathcal{A}$ 为幂等元, 如果 $e^2=e$. 称两个幂等元 e,e' 为正交的, 如果 $ee'=e'e=0$.

幂等元 e 满足 $e^2=e$, 自然有 $L_e^2=L_e$, $R_e^2=R_e$, 即 L_e,R_e 都是投影, 自然可以对角化. 于是有空间分解

$$\mathcal{A} = \operatorname{Im} R_e \oplus \operatorname{Ker} R_e.$$

对任意 $a \in \mathcal{A}$, 自然可以分解为 $a = ae+(a-ae)$, 其中 $ae \in \operatorname{Im} R_e$, $a-ae \in \operatorname{Ker} R_e$. 容易看出, $\operatorname{Im} R_e = \mathcal{A}e$, $\operatorname{Ker} R_e = \mathcal{A}(1-e)$, 且二者都是 $\mathcal{A}$ 的左理想. 因此上述分解可写作

$$\mathcal{A} = \mathcal{A}e \oplus \mathcal{A}(1-e).$$

称其为**左 Peirce 分解**. 类似也有**右 Peirce 分解**和**双边 Peirce 分解**

$$\mathcal{A} = e\mathcal{A} \oplus (1-e)\mathcal{A},$$
$$\mathcal{A} = e\mathcal{A}e \oplus e\mathcal{A}(1-e) \oplus (1-e)\mathcal{A}e \oplus (1-e)\mathcal{A}(1-e).$$

由此可见, 幂等元在结合代数的研究中会有重要作用, 后文也一直在利用幂等元来研究结合代数尤其是群代数的结构和表示.

由于 $\mathcal{A}$ 的左理想 $\mathcal{I}$ 中存在幂等元 e 使得 e 为 $\mathcal{I}$ 的右幺元, 我们有

定理 5.2.2 设 $\mathcal{I}$ 为 $\mathcal{A}$ 为左理想, 则存在幂等元 e 使得 $\mathcal{I} = \mathcal{A}e$, 且 e 为 $\mathcal{I}$ 的右单位. 反之, 若 e 为幂等元, 则 $\mathcal{I} = \mathcal{A}e$ 为 $\mathcal{A}$ 的左理想.

对于右理想也有类似结论, 证明留给读者. 特别地, 设 $\mathcal{B}$ 是 $\mathcal{A}$ 的理想. 作为左理想, 自然存在幂等元 e 使得 $\mathcal{B} = \mathcal{A}e$. 同样, 作为右理想, 也有幂等元 f 使得 $\mathcal{B} = f\mathcal{A}$. 由于 e, f 分别是 $\mathcal{B}$ 的右单位和左单位, 则有 $f = fe = e$. 进一步, 对任意 $x \in \mathcal{A}$, $xe, ex \in \mathcal{B}$, 有

$$xe = e(xe) = (ex)e = ex.$$

故 e 包含于 $\mathcal{A}$ 的中心 $Z(\mathcal{A})$ 中. 称 $Z(\mathcal{A})$ 中的幂等元为**中心幂等元**. 从而我们有

定理 5.2.3 若 $\mathcal{B}$ 是 $\mathcal{A}$ 的理想, 则存在中心幂等元 e 使得

$$\mathcal{B} = e\mathcal{A} = \mathcal{A}e.$$

我们继续考虑左理想的分解. 类似定理 5.2.2 的证明方式可以得到

引理 5.2.4 设 $e \in \mathcal{A}$ 是幂等元, 则 $\mathcal{I} = \mathcal{A}e$ 可以分解为两个左理想 $\mathcal{I}_1, \mathcal{I}_2$ 的直和当且仅当存在正交幂等元 e_1, e_2 使得 $e = e_1 + e_2$, $\mathcal{I}_1 = \mathcal{A}e_1$, $\mathcal{I}_2 = \mathcal{A}e_2$.

于是我们引入如下定义.

定义 5.2.5 称幂等元 e 为本原幂等元, 如果 $e \neq 0$, 且 e 不能分解为两个非零幂等元之和.

上述定义中并没有要求两个非零幂等元是正交的, 实际上我们有

引理 5.2.6 设 e, e_1, e_2 都是幂等元, 且 $e = e_1 + e_2$, 则 $e_1e_2 = e_2e_1 = 0$.

证 由于 $e = e^2 = (e_1 + e_2)^2 = e_1 + e_2 + e_1e_2 + e_2e_1$, 故

$$e_1e_2 + e_2e_1 = 0. \tag{5.3}$$

上式两边分别左乘和右乘 e_1 有

$$e_1(e_1e_2 + e_2e_1) = e_1e_2 + e_1e_2e_1 = 0,$$

$$(e_1e_2 + e_2e_1)e_1 = e_1e_2e_1 + e_2e_1 = 0.$$

于是可得 $e_1e_2 = e_2e_1$. 由 (5.3) 知 $e_1e_2 = e_2e_1 = 0$. □

本原幂等元是一个非常重要的对象, 如下定理是后文研究的基础.

定理 5.2.7 设 $e \in \mathcal{A}$ 是幂等元, 则下列条件等价:

(1) $\mathcal{A}e$ 是极小左理想;

(2) e 是本原幂等元;

(3) $e\mathcal{A}e$ 是 $\mathbb{F}$ 上的一个有限维体. 特别地, 若 $\mathbb{F}$ 是代数闭域, 则 $e\mathcal{A}e \cong \mathbb{F}$.

证 (1) 与 (2) 等价已经得证. 以下证明 (2) 与 (3) 等价.

(3) $\Rightarrow$ (2) 容易看出 $e\mathcal{A}e$ 是一个子代数且 e 是幺元. 如果 e 不是本原幂等元, 则 $e = e_1 + e_2$ 且 e_1, e_2 为正交的非零幂等元. 于是 $e_1 = ee_1e, e_2 = ee_2e \in e\mathcal{A}e$. 因此 $e\mathcal{A}e$ 中有零因子, 矛盾.

(2) $\Rightarrow$ (3) 如果 e 是本原幂等元, 则 $\mathcal{A}e$ 是极小左理想. 对任意非零元 $exe \in e\mathcal{A}e$, $\mathcal{A}exe \subseteq \mathcal{A}e$ 是 $\mathcal{A}$ 的非零左理想, 因此 $\mathcal{A}exe = \mathcal{A}e$. 于是存在 $y \in \mathcal{A}$ 使得 $yexe = e$. 从而 $(eye)(exe) = e$. 故 exe 可逆, $e\mathcal{A}e$ 是 $\mathbb{F}$ 上的一个体. 若 $\mathbb{F}$ 是代数闭域, $\mathbb{F}$ 上的有限维体只有 $\mathbb{F}$ 本身, 故 $e\mathcal{A}e \cong \mathbb{F}$. □

一般来说, $\mathcal{A}$ 的极小左理想有无穷多个, 需要理清楚它们之间的联系.

定理 5.2.8 设 $\mathcal{I} = \mathcal{A}e$ 和 $\mathcal{I}' = \mathcal{A}e'$ 为 $\mathcal{A}$ 的两个极小左理想, 则以下条件等价:

(1) 作为 $\mathcal{A}$-模, $\mathcal{I} \cong \mathcal{I}'$;

(2) 存在 $x' \in \mathcal{I}'$ 使得 $\mathcal{I}' = \mathcal{I}x'$;

(3) $\mathcal{I}' = \mathcal{I}\mathcal{I}'$;

(4) $e\mathcal{A}e' \neq \{0\}$.

当 $\mathbb{F}$ 为代数闭域时, 我们还有如下等价条件:

(5) $\dim e\mathcal{A}e' = 1$.

证 (1) ⇒ (2) 如果 $\mathcal{I} \cong \mathcal{I}'$, 则存在可逆模同态 $\mathcal{T} \in \mathrm{Hom}_{\mathcal{A}}(\mathcal{I}, \mathcal{I}')$. 令 $x' = \mathcal{T}(e)$. 由于 e 是 $\mathcal{I}$ 的右幺元, 则对任意 $x \in \mathcal{I}$ 有

$$\mathcal{T}(x) = \mathcal{T}(xe) = x\mathcal{T}(e) = xx' \in \mathcal{I}x'.$$

因此 $\mathcal{I}' = \mathrm{Im}\,\mathcal{T} = \mathcal{I}x'$.

(2) ⇒ (3) 由 (2) 及 $\mathcal{I}'$ 为左理想可得 $\mathcal{I}' \subseteq \mathcal{I}\mathcal{I}' \subseteq \mathcal{I}'$. 因此 $\mathcal{I}' = \mathcal{I}\mathcal{I}'$.

(3) ⇒ (4) 由 (3) 知, $\mathcal{I}' = \mathcal{I}\mathcal{I}' = \mathcal{A}e\mathcal{A}e'$. 故 $e\mathcal{A}e' \neq \{0\}$.

(4) ⇒ (1) 若 $x' \in e\mathcal{A}e'$ 非零, 则 $\{0\} \neq \mathcal{A}x' \subseteq \mathcal{I}'$. 因此 $\mathcal{A}x' = \mathcal{I}'$. 考虑映射

$$\varphi_{x'} : \mathcal{I} \to \mathcal{I}', \quad \varphi_{x'}x = xx'.$$

对任意 $a \in \mathcal{A}$, $x \in \mathcal{I}$, $\varphi_{x'}(ax) = axx' = a\varphi_{x'}(x)$. 故 $\varphi_{x'} \in \mathrm{Hom}_{\mathcal{A}}(\mathcal{I}, \mathcal{I}')$. 由于 $\varphi_{x'}$ 是满射, 而 $\mathcal{I}, \mathcal{I}'$ 都是极小左理想, 自然 $\varphi_{x'}$ 也是同构.

(4) ⇒ (5) 对任意非零 $x', x'' \in \mathcal{I}'$, $\varphi_{x'}$ 与 $\varphi_{x''}$ 都是 $\mathcal{I}$ 到 $\mathcal{I}'$ 的同构. 由结合代数表示的 Schur 引理可知, 存在 $c \in \mathbb{F}$ 使得 $\varphi_{x'} = c\varphi_{x''}$. 于是 $\varphi_{x'-cx''} = 0$. 因此 $x' = cx''$. 从而 $\dim e\mathcal{A}e' = 1$.

(5) ⇒ (4) 显然. □

自然地, 我们有如下推论.

推论 5.2.9 设 $\mathcal{I} = \mathcal{A}e$ 和 $\mathcal{I}' = \mathcal{A}e'$ 为 $\mathcal{A}$ 的两个极小左理想, 则以下条件等价:

(1) 作为 $\mathcal{A}$-模, $\mathcal{I} \ncong \mathcal{I}'$;

(2) 对任意 $a' \in \mathcal{I}'$, $\mathcal{I}a' = \{0\}$;

(3) $\mathcal{I}'\mathcal{I} = \{0\}$;

(4) $e\mathcal{A}e' = \{0\}$.

利用极小左理想的结构及其之间的关系, 我们可以研究半单结合代数 $\mathcal{A}$ 的理想. 设 $\mathcal{I}_1, \mathcal{I}_2, \cdots, \mathcal{I}_h$ 是 $\mathcal{A}$ 的彼此不同构的极小左理想, 且 $\mathcal{A}$ 的任何极小左理想都同构于其中某一个. 于是 $\mathcal{A}$ 可以分解为极小左理想的直和

$$\mathcal{A} = \mathcal{I}_{11} \oplus \cdots \oplus \mathcal{I}_{1i_1} \oplus \cdots \oplus \mathcal{I}_{h1} \oplus \cdots \oplus \mathcal{I}_{hi_h},$$

其中, $\mathcal{I}_{ij} \cong \mathcal{I}_i$. 记 $\mathcal{A}_j = \mathcal{I}_{j1} \oplus \cdots \oplus \mathcal{I}_{ji_j}$, $j = 1, 2, \cdots, h$. 自然 $\mathcal{A}_j$ 是左理想. 进一步, 对任意 $1 \leqslant j, k \leqslant h$, $j \neq k$, 由于 $\mathcal{I}_j \ncong \mathcal{I}_k$, 利用上述推论可得 $\mathcal{I}_j\mathcal{I}_k = \{0\}$. 因

此 $\mathcal{A}_j\mathcal{A}_k=\{0\}$. 从而 $\mathcal{A}_j$ 是 $\mathcal{A}$ 的理想. 进一步我们有

引理 5.2.10 $\mathcal{A}_1,\mathcal{A}_2,\cdots,\mathcal{A}_h$ 是 $\mathcal{A}$ 的所有单理想.

证 设 $\mathcal{B}$ 是 $\mathcal{A}$ 的单理想, 自然 $\mathcal{B}$ 也是 $\mathcal{A}$ 的左理想, 故可将 $\mathcal{B}$ 分解为 $\mathcal{A}$ 的极小左理想的直和

$$\mathcal{B}=\mathcal{J}_1\oplus\mathcal{J}_2\oplus\cdots\oplus\mathcal{J}_k.$$

类似于上述讨论及 $\mathcal{B}$ 是单理想可知, $\mathcal{B}$ 中的所有极小左理想都是彼此同构的, 不妨设它们都同构于某个 $\mathcal{I}_j$. 于是由定理 5.2.8 可知 $\mathcal{J}_i=\mathcal{I}_j\mathcal{J}_i\subseteq\mathcal{A}_j$. 于是 $\mathcal{B}\subseteq\mathcal{A}_j$. 反之, 由于 $\mathcal{A}_j=\mathcal{I}_{j1}\oplus\cdots\oplus\mathcal{I}_{ji_j}$, 则 $\mathcal{I}_{ji}=\mathcal{J}_1\mathcal{I}_{ji}\subseteq\mathcal{B}$. 从而 $\mathcal{A}_j\subseteq\mathcal{B}$. 故 $\mathcal{B}=\mathcal{A}_j$. 因此, $\mathcal{A}_1,\mathcal{A}_2,\cdots,\mathcal{A}_h$ 是 $\mathcal{A}$ 的所有单理想. □

于是我们有

定理 5.2.11 半单结合代数 $\mathcal{A}$ 可以分解为单理想的直和

$$\mathcal{A}=\mathcal{A}_1\oplus\mathcal{A}_2\oplus\cdots\oplus\mathcal{A}_h,$$

且不计单理想的次序, 分解是唯一的.

半单结合代数的每个单理想自然也是一个结合代数, 且没有非平凡理想, 故为单结合代数. 给定结合代数 $\mathcal{B}_1,\mathcal{B}_2,\cdots,\mathcal{B}_m$, 其线性空间直和记为 $\mathcal{B}=\mathcal{B}_1\oplus\mathcal{B}_2\oplus\cdots\oplus\mathcal{B}_m$. 对任意 $b=b_1+b_2+\cdots+b_m$, $c=c_1+c_2+\cdots+c_m$, 其中 $b_i,c_i\in\mathcal{B}_i$, 定义 $bc=b_1c_1+b_2c_2+\cdots+b_mc_m$, 则容易验证 $\mathcal{B}$ 是一个结合代数且 $\mathcal{B}_i$ 是 $\mathcal{B}$ 的理想. 称 $\mathcal{B}$ 为 $\mathcal{B}_1,\mathcal{B}_2,\cdots,\mathcal{B}_m$ 的**代数直和**. 因此, 每个半单结合代数都是单结合代数的代数直和.

于是我们面临一个问题: 单结合代数的代数直和是否一定是半单结合代数? 也就是说, 如果结合代数 $\mathcal{A}=\mathcal{A}_1\oplus\mathcal{A}_2\oplus\cdots\oplus\mathcal{A}_h$ 为单结合代数的直和, $\mathcal{A}$ 的任何有限维表示 (ρ,V) 是不是完全可约的?

设 $e=e_1+e_2+\cdots+e_h$ 为 $\mathcal{A}$ 的幺元, 其中 e_i 为 $\mathcal{A}_i$ 的幺元. 于是 e_i 为彼此正交的中心幂等元, 当 $i\neq j$ 时, $e_ie_j=e_je_i=0$. 于是 $\rho(e_i)^2=\rho(e_i)$, $\rho(e_i)\rho(e_j)=\rho(e_j)\rho(e_i)=0$. 令 $V_i=\operatorname{Im}\rho(e_i)$ 为 $\rho(e_i)$ 属于特征值 1 的特征子空间. 由于 e_i 是中心幂等元, 对任意 $x\in\mathcal{A}$, $xe_i=e_ix$, 故 V_i 是 $\rho(x)$ 的不变子空间. 从而 V_i 是 V 的子模. 进一步, 我们有

引理 5.2.12 $V=V_1\oplus V_2\oplus\cdots\oplus V_h$.

证 当 $j\neq i$ 时, 对任意 $v_j\in V_j$ 有

$$\rho(e_i)v_j=\rho(e_i)(\rho(e_j)v_j)=\rho(e_ie_j)v_j=0.$$

故 $\sum\limits_{j\neq i} V_j \subseteq \operatorname{Ker}\rho(e_i)$. 故 $\sum\limits_{j\neq i} V_j \cap V_i = \{0\}$, 即 $\sum\limits_{i=1}^{h} V_i$ 为直和. 进一步, 对任意 $v\in V$, 有 $v=\rho(e)v=\rho(e_1)v+\rho(e_2)v+\cdots+\rho(e_h)v$, 故 $V=V_1+V_2+\cdots+V_h$. 从而结论成立. □

对任意 $x_j\in\mathcal{A}_j$, $j\neq i$, 有 $e_ix_j=x_je_i=0$. 于是 $\rho(x_j)|_{V_i}=0$. 因此我们有

引理 5.2.13 每一个半单结合代数的有限维模都可以分解为子模的直和, 使得对每个子模有且仅有一个单理想在其上作用非零.

现在我们来考虑单结合代数 $\mathcal{A}$ 的模 V 的结构. 类似于引理 5.2.10 的证明可得

引理 5.2.14 每一个单结合代数都是一些同构的极小左理想的直和, 即单结合代数的左正则表示是完全可约的.

证 设 $\mathcal{I}$ 是单结合代数 $\mathcal{A}$ 的维数最小的极小左理想, 则对于任意 $a\in\mathcal{A}$, $\mathcal{I}a$ 也是 $\mathcal{A}$ 的左理想, 且是 $\mathcal{I}$ 的同态像. 故 $\mathcal{I}a=\{0\}$ 或与 $\mathcal{I}$ 同构. 考虑 $\mathcal{A}$ 的所有形如 $\mathcal{I}a_1\oplus\mathcal{I}a_2\oplus\cdots\oplus\mathcal{I}a_k$ 的左理想. 其中维数最大的为 $\mathcal{B}=\mathcal{I}b_1\oplus\mathcal{I}b_2\oplus\cdots\oplus\mathcal{I}b_n$. 对任意 $a\in\mathcal{A}$, 如果左理想 $(\mathcal{I}b_i)a=\mathcal{I}(b_ia)$ 非零, 则它与 $\mathcal{I}$ 同构. 由 $\mathcal{B}$ 的取法可知, $\mathcal{I}(b_ia)\subseteq\mathcal{B}$, 否则 $\mathcal{I}(b_ia)+\mathcal{B}$ 为直和, 故比 $\mathcal{B}$ 的维数大, 矛盾. 于是 $\mathcal{B}$ 也是 $\mathcal{A}$ 的右理想, 即为理想. 由于 $\mathcal{A}$ 是单结合代数, 故 $\mathcal{B}=\mathcal{A}$, 从而 $\mathcal{A}$ 为同构的极小左理想的直和. □

对于单结合代数的一般模, 我们有

引理 5.2.15 设 V 为结合代数 $\mathcal{A}$ 的模, 则对任意 $v\in V$, $\mathcal{A}v$ 为 V 的子模, 且映射

$$\varphi:\mathcal{A}\to\mathcal{A}v,\quad \varphi(a)=av$$

是 $\mathcal{A}$-模的满同态.

容易验证 $\operatorname{Ker}\varphi$ 是 $\mathcal{A}$ 的一个左理想. 由左正则表示的完全可约性, 存在 $\operatorname{Ker}\varphi$ 的补子模 W, 于是 $\varphi|_W$ 为 W 与 $\mathcal{A}v$ 的模同构. 从而 $\mathcal{A}v$ 是完全可约的. 考虑 V 的所有完全可约子模, 其中维数最大的为 U. 若 $U\neq V$, 则存在 $u\in V$, $u\notin U$. 于是 $\mathcal{A}u$ 为 V 的子模, 且是完全可约的. 令 $U_1=U\cap\mathcal{A}u$, 则 U_1 为 $\mathcal{A}u$ 的子模, 由于 $\mathcal{A}u$ 的完全可约性, 存在补子模 $U'\subseteq\mathcal{A}u$, 自然 U' 也是完全可约的. 于是 $U+U'$ 为直和. 又由于 U,U' 都是完全可约的, $U+U'$ 可以分解为不可约子模的直和, 自然也是完全可约的. 这与 U 的取法矛盾. 于是 $U=V$, 即我们有

命题 5.2.16 单结合代数的有限维表示都是完全可约的.

于是单结合代数也是半单结合代数. 再利用引理 5.2.13 可得

定理 5.2.17 结合代数 $\mathcal{A}$ 为半单的当且仅当 $\mathcal{A}$ 为单结合代数的直和.

由于每个单结合代数的不可约表示都同构于其极小左理想, 其所有极小左理想都是同构的, 自然我们有

定理 5.2.18 在等价意义下, 单结合代数只有一个不可约表示.

于是我们只需要考虑单结合代数的结构与表示问题. 首先来看看单结合代数的例子.

例 5.2.19 $\mathbb{F}^{n\times n}$ 是一个单结合代数.

证 设 $\mathcal{B}$ 为 $\mathbb{F}^{n\times n}$ 的一个非平凡理想, 则存在 $A\in\mathcal{B}$, $A\neq 0$. 设 $A=(a_{ij})$, 其中 $a_{kl}\neq 0$. 设 E_{ij} 是第 i 行第 j 列元素是 1, 其他元素都是 0 的矩阵. 由于

$$E_{ik}AE_{lj}=a_{kl}E_{ij},$$

而 $\mathcal{B}$ 是理想, 故 $E_{ij}\in\mathcal{B}$, 从而有 $\mathcal{B}=\mathbb{F}^{n\times n}$. 因此 $\mathbb{F}^{n\times n}$ 是单结合代数. □

矩阵代数是我们非常熟悉的, 不过其中还有非常多的内涵值得挖掘.

引理 5.2.20 对任意 $\varphi\in\mathrm{Aut}\,(\mathbb{F}^{n\times n})$, 存在 $T\in\mathrm{GL}(n,\mathbb{F})$ 使得

$$\varphi(A)=TAT^{-1}.$$

证 记 $F_{ij}=\varphi(E_{ij})$, 只需证明存在 $T\in\mathrm{GL}(n,\mathbb{F})$ 使得 $TE_{ij}T^{-1}=F_{ij}$ 即可. 自然有

$$F_{11}+F_{22}+\cdots+F_{nn}=\varphi(E_{11}+E_{22}+\cdots+E_{nn})=I_n.$$

由 $F_{ij}F_{kl}=\varphi(E_{ij}E_{kl})=\varphi(\delta_{jk}E_{il})=\delta_{jk}F_{il}$ 可得

$$F_{ii}^2=F_{ii},\quad F_{ii}F_{jj}=F_{jj}F_{ii}=0.$$

故存在 $S\in\mathrm{GL}(n,\mathbb{F})$ 使得 $S^{-1}F_{ii}S=E_{ii}$. 令 $\sigma(A)=S^{-1}AS$, 则 $\sigma\in\mathrm{Aut}\,(\mathbb{F}^{n\times n})$, 且 $\sigma(F_{ii})=E_{ii}$. 由于

$$\sigma(F_{ij})=\sigma(F_{ii}F_{ij}F_{jj})=E_{ii}\sigma(F_{ij})E_{jj},$$

故存在非零 $a_{ij}\in\mathbb{F}$ 使得 $\sigma(F_{ij})=a_{ij}E_{ij}$, 其中 $a_{jj}=1$. 由 $F_{ki}F_{ij}=F_{kj}$ 可得 $a_{ki}a_{ij}=a_{kj}$. 特别地, $a_{ij}=a_{ji}^{-1}=\dfrac{a_{1j}}{a_{1i}}$. 令 $D=\mathrm{diag}\,(1,a_{21},\cdots,a_{n1})$, 于是 $D^{-1}(a_{ij}E_{ij})D=E_{ij}$. 故取 $T=SD$ 即可. □

现在我们可以回答单结合代数的结构问题.

定理 5.2.21 设 $\mathbb{F}$ 是代数闭域, $\mathcal{B}$ 是 $\mathbb{F}$ 上的单结合代数, 则存在 $n \in \mathbb{N}^*$ 使得 $\mathcal{B} \cong \mathbb{F}^{n\times n}$.

证 将 $\mathcal{B}$ 分解为极小左理想的直和 $\mathcal{B} = \mathcal{A}e_1 \oplus \mathcal{A}e_2 \oplus \cdots \oplus \mathcal{A}e_n$, 其中 $e_1, e_2, \cdots, e_n$ 为幂等元. 设 $\mathcal{B}_{ij} = e_i\mathcal{B}e_j$, 则由定理 5.2.8 可知, $\dim \mathcal{B}_{ij} = 1$, 且

$$\mathcal{B}_{ij}\mathcal{B}_{kl} = \begin{cases} \mathcal{B}_{il}, & j = k, \\ \{0\}, & j \neq k. \end{cases}$$

任取非零元 $F_{1i} \in \mathcal{B}_{1i}$, $F_{i1} \in \mathcal{B}_{i1}$ 满足 $F_{1i}F_{i1} = F_{11}$. 令 $F_{ij} = F_{i1}F_{1j}$. 自然有 $F_{ij} \in \mathcal{B}_{ij}$, 且 $F_{ij} \neq 0$. 注意到 F_{ii} 是 $\mathcal{B}_{ii}$ 中的非零幂等元, 故 $F_{ii} = e_i$. 这样我们得到了 $\mathcal{B}$ 的一组生成元 F_{ij}.

考虑线性映射 $\varphi: \mathbb{F}^{n\times n} \to \mathcal{B}$ 满足 $\varphi(E_{ij}) = F_{ij}$. 容易得到 φ 是满射且是代数同态. 由于 $\mathbb{F}^{n\times n}$ 是单结合代数, 故 φ 是单射, 所以为代数同构. □

对于一般的域, 单结合代数的结构会复杂一些, 例如在实数域上, 复数域 $\mathbb{C}$ 和四元数体 $\mathbb{H}$ 都是 $\mathbb{R}$ 上的单结合代数; $\mathbb{C}^{n\times n}$ 和 $\mathbb{H}^{n\times n}$ 作为实数域上的结合代数也是单的. 更一般地有

定理 5.2.22 (Wedderburn) 域 $\mathbb{F}$ 上的每个单结合代数都同构于某个矩阵代数 $\mathbb{D}^{n\times n}$, 其中 $\mathbb{D}$ 是 $\mathbb{F}$ 上的体, $\mathbb{D}^{n\times n}$ 是 $\mathbb{D}$ 上的 n 阶矩阵代数.

Artin 把上述结论推广到一般的半单环上, 得到 Artin-Wedderburn 定理. 请感兴趣的读者自行查阅相关文献.

5.3 群代数 $\mathbb{C}G$ 的结构

现在我们可以研究群代数的结构, 我们只考虑复数域情形. 作为半单结合代数, $\mathbb{C}G$ 自然是单理想的直和, 而每个单理想同构于某个矩阵代数 $\mathbb{C}^{n\times n}$. 问题是如何确定这些单理想. 由于每个单理想都是同构的极小左理想的和, 而所有极小左理想在等价意义下恰好给出了 $\mathbb{C}G$ 的所有不可约表示, 从而也得到了 G 的所有不可约表示. 因此, 有限群 G 的不可约复表示的分类与群代数 $\mathbb{C}G$ 的分解及其极小左理想的分类就建立了联系.

我们回顾一下, 在研究 G 的左正则表示时, 我们建立了群 G 上的函数空间 $C(G)$ 与群代数 $\mathbb{C}G$ 之间的线性同构 S (见 (3.8)), 满足 $S(f) = \sum\limits_{s\in G} f(s)s$. 这样, $\mathbb{C}G$ 上的乘法自然诱导了 $C(G)$ 上的一个乘法运算. 具体来说, 对任意 $a = \sum\limits_{s\in G} a_s s, b = \sum\limits_{t\in G} b_t t \in \mathbb{C}G$, 在群代数 $\mathbb{C}G$ 中它们的乘积为

$$ab=\sum_{s\in G}a_s s\sum_{t\in G}b_t t=\sum_{s,t\in G}a_s b_t st=\sum_{x\in G}\left(\sum_{st=x}a_s b_t\right)x=\sum_{x\in G}\left(\sum_{s\in G}a_s b_{s^{-1}x}\right)x.$$

设 $f=S^{-1}(a)$, $g=S^{-1}(b)$, 定义 $f*g=\frac{1}{|G|}S^{-1}(ab)$, 称为函数 f,g 的**卷积**, 即

$$(f*g)(x)=\frac{1}{|G|}\sum_{s\in G}a_s b_{s^{-1}x}=\frac{1}{|G|}\sum_{s\in G}f(s)g(s^{-1}x).$$

这样就得到了 $C(G)$ 上的新乘法. 实际上, 我们有如下结论, 证明不难, 留给读者.

引理 5.3.1 $(C(G),*)$ 是一个结合代数, 且 $\tau=\frac{1}{|G|}S$ 是 $(C(G),*)$ 与 $\mathbb{C}G$ 之间的代数同构.

有了上述代数同构, 我们可以自然地将 $C(G)$ 与 $\mathbb{C}G$ 等同. 例如, 给定 G 的表示 (ρ,V), 在 (5.2) 中定义了代数同态

$$\rho\left(\sum_{s\in G}a_s s\right)=\sum_{s\in G}a_s\rho(s).$$

利用代数同构 τ, 对任意 $f\in C(G)$, $\tau(f)=\frac{1}{|G|}\sum\limits_{s\in G}f(s)s$, 则可以令

$$\rho(f)=\frac{1}{|G|}\sum_{s\in G}f(s)\rho(s).$$

这就是在 (3.11) 中给出的定义.

在对半单结合代数 $\mathcal{A}$ 的研究中, 我们得到 $\mathcal{A}$ 的中心幂等元与 $\mathcal{A}$ 的理想的关系. 在对表示的研究中, 中心幂等元也起到了关键作用. 这一点, Frobenius 在引入群代数 $\mathbb{C}G$ 时就注意到了.

我们来确定 $\mathbb{C}G$ 的中心 $Z(\mathbb{C}G)$. 首先, 设 $C_1,C_2,\cdots,C_h$ 为 G 的所有共轭类, 令 $c_i=\sum\limits_{s\in C_i}s$, 对任意 $t\in G$ 有

$$tc_it^{-1}=\sum_{s\in C_i}tst^{-1}=c_i.$$

因此, $c_i\in Z(\mathbb{C}G)$. 容易看出, $c_1,c_2,\cdots,c_h$ 是线性无关的.

进一步, 设 $f=\sum\limits_{s\in G}a_s s$, 则 $f\in Z(\mathbb{C}G)$ 当且仅当对任意 $t\in G$, $tf=ft$. 由于

$$tft^{-1} = \sum_{s\in G} a_s tst^{-1} = \sum_{s\in G} a_{t^{-1}st} t,$$

于是 $f \in Z(\mathbb{C}G)$ 当且仅当

$$a_{t^{-1}st} = a_s, \quad \forall s \in G.$$

对 $s \in C_i$, 记 $a_i = a_s$, 则

$$f = \sum_{i=1}^{h} \sum_{s\in C_i} a_s s = \sum_{i=1}^{h} a_i c_i.$$

因此, $Z(\mathbb{C}G)$ 中每个元都是 $c_1, c_2, \cdots, c_h$ 的线性组合. 于是

引理 5.3.2 $c_1, c_2, \cdots, c_h$ 是 $Z(\mathbb{C}G)$ 的一组基.

这组基的性质并不好, 因为它们不是我们想要的中心幂等元. 我们换一个角度, 利用 $\mathbb{C}G$ 和 $C(G)$ 之间的同构, 只需要考虑 $C(G)$ 的中心即可. 在新的乘法运算下, $(C(G), *)$ 不再是交换代数 (即乘法是交换的), 而是一个半单结合代数. 它的中心自然对应于 $\mathbb{C}G$ 的中心. 记 $f_i = S^{-1}(c_i)$, 则 f_i 是 $C(G)$ 的中心的一组基. 特别地, $f_i(s) = \begin{cases} 1, & s \in C_i, \\ 0, & s \notin C_i. \end{cases}$ 容易看出 f_i 是类函数, 并且构成类函数空间 $\mathcal{H}$ 的一组基. 于是我们有

引理 5.3.3 类函数空间 $\mathcal{H}$ 是 $(C(G), *)$ 的中心.

实际上, 直接计算也可以得到在卷积运算下, 类函数与任何 G 上函数可交换. 计算过程留给读者.

类函数空间 $\mathcal{H}$ 有一组自然的基, 即不可约特征标. 设 $(\rho, V), (\rho', V')$ 为 G 的不等价的不可约表示, 特征标分别为 χ, χ'. 分别选定 V, V' 的标准正交基得 $\rho(s), \rho'(s)$ 的矩阵分别为 $(\rho_{ij}(s)), (\rho'_{kl}(s))$. 注意到对任意 $s, t \in G$, $\rho(st) = \rho(s)\rho(t)$, 故有 $\rho_{ij}(st) = \sum\limits_k \rho_{ik}(s)\rho_{kj}(t)$. 于是我们有

$$\begin{aligned}
\rho_{ij} * \rho_{kl}(t) &= \frac{1}{|G|} \sum_{s\in G} \rho_{ij}(s)\rho_{kl}(s^{-1}t) \\
&= \frac{1}{|G|} \sum_{s\in G} \rho_{ij}(s) \sum_m \rho_{km}(s^{-1})\rho_{ml}(t) \\
&= \frac{1}{|G|} \sum_m \rho_{ml}(t) \sum_{s\in G} \rho_{ij}(s)\overline{\rho_{mk}(s)}
\end{aligned}$$

$$
\begin{aligned}
&= \sum_m \rho_{ml}(t)(\rho_{ij}, \rho_{mk}) \\
&= \frac{1}{\dim V}\delta_{jk}\rho_{il}(t).
\end{aligned}
$$

类似地可以证明

$$\rho_{ij} * \rho'_{kl} = 0.$$

再利用 $\chi(s) = \sum_i \rho_{ii}(s)$, $\chi'(s) = \sum_j \rho'_{jj}(s)$ 可得

引理 5.3.4 设 χ, χ' 为 G 的不可约特征标, 则

$$\chi * \chi = \frac{1}{\chi(1)}\chi, \quad \chi * \chi' = 0.$$

设 $\widehat{G} = \{(\rho_1, V_1), (\rho_2, V_2), \cdots, (\rho_h, V_h)\}$, $n_i = \dim V_i$, $i = 1, 2, \cdots, h$, 则存在 $\mathbb{C}G$ 的极小左理想 $\mathcal{I}_1, \mathcal{I}_2, \cdots, \mathcal{I}_h$, 使得作为左 $\mathbb{C}G$-模, $\mathcal{I}_i \cong V_i$. 于是 $\mathbb{C}G$ 可以分解成单理想的直和 $\mathbb{C}G = \mathcal{B}_1 \oplus \mathcal{B}_2 \oplus \cdots \oplus \mathcal{B}_h$, 且 $\mathcal{I}_i \subseteq \mathcal{B}_i$. 从而 $\mathcal{B}_i \cong \operatorname{End}\mathcal{I}_i \cong \operatorname{End} V_i$. 实际上, 由 $\rho_i : G \to \mathrm{GL}(V_i)$ 可以得到 $\mathbb{C}G$ 到 $\operatorname{End} V_i$ 的代数同态, 再限制一下就得到 $\mathcal{B}_i$ 与 $\operatorname{End} V_i$ 的同构映射, 仍记为 ρ_i. 从而有

定理 5.3.5 设 $\tilde{\rho} : \mathbb{C}G \to \bigoplus_{i=1}^{h} \operatorname{End} V_i$ 为

$$\tilde{\rho}(a) = \sum_i \rho_i(a), \quad \forall a \in \mathbb{C}G,$$

则 $\tilde{\rho}$ 为代数同构.

我们也可以从 $C(G)$ 的角度来看待上述定理, 并给出不同的证明方法.

定理 5.3.6 设 $\tilde{\rho} : C(G) \to \bigoplus_{i=1}^{h} \operatorname{End} V_i$ 为

$$\tilde{\rho}(f) = \sum_i \rho_i(f), \quad \forall f \in C(G),$$

则 $\tilde{\rho}$ 为代数同构.

证 容易看出 $\widetilde{\rho}$ 是代数同态, 且 $\dim C(G) = \sum_{i=1}^{h} \dim V_i^2$, 故只需证明 $\widetilde{\rho}$ 是单射 (或满射). 设 $\widetilde{\rho}(f) = 0$, 则 $\rho_i(f) = 0$. 考虑左正则表示 $(R, \mathbb{C}G)$. 由于 $\mathbb{C}G = n_1V_1 \oplus n_2V_2 \oplus \cdots \oplus n_hV_h$, 于是 $R(f) = 0$. 将 $R(f)$ 作用在幺元 1 上有

$$R(f)\cdot 1=\frac{1}{|G|}\sum_{s\in G}f(s)R(s)1=\frac{1}{|G|}\sum_{s\in G}f(s)s=0.$$

由于 G 中元素是 $\mathbb{C}G$ 的一组基, 故 $f(s)=0$. 从而 $\widetilde{\rho}$ 为单射, 自然是同构. □

我们在证明不可约特征标是类函数空间的一组基时用过这个思路. 此外, 值得注意的是, $n_i\chi_i$ 是 $C(G)$ 中的两两正交的中心幂等元, $\tilde{\rho}(n_i\chi_i)$ 正是 $\mathcal{B}_i$ 的幺元. 对应地, 将 $\mathbb{C}G$ 中的各单理想对应的中心幂等元记为 $e_1,e_2,\cdots,e_h$, 它们与 $c_1,c_2,\cdots,c_h$ 都是 $Z(\mathbb{C}G)$ 的基, 这两组基之间的关系将会揭示出表示的更深刻的性质.

5.4 特征标的整性与 p^aq^b 定理

现在我们需要用一点代数整数的性质来研究特征标. 设 $Z(\mathbb{C}G)$ 的两组基

$$c_1,c_2,\cdots,c_h,\qquad e_1,e_2,\cdots,e_h$$

之间的过渡矩阵为 $T=(t_{ij})\in\mathbb{C}^{h\times h}$, 即

$$(c_1,c_2,\cdots,c_h)=(e_1,e_2,\cdots,e_h)T,$$

则 $c_j=\sum\limits_{l=1}^{h}t_{lj}e_l$.

考虑 $Z(\mathbb{C}G)$ 的左乘变换 L_{c_j} 在这两组基下的矩阵. 由 $e_je_k=\delta_{jk}e_j$ 可得

$$L_{c_j}(e_k)=\left(\sum_{l=1}^{h}t_{lj}e_l\right)(e_k)=t_{kj}e_k.$$

故在基 $e_1,e_2,\cdots,e_h$ 下 L_{c_j} 的矩阵为对角矩阵

$$D_j=\operatorname{diag}(t_{1j},t_{2j},\cdots,t_{hj}).$$

另一方面, 记

$$c_jc_k=\sum_{i=1}^{h}a_{ik}^{j}c_i,$$

易得 $a_{ik}^{j}\in\mathbb{N}$, 而 L_{c_j} 在 $c_1,c_2,\cdots,c_h$ 下的矩阵为 $A_j=(a_{ik}^{j})$, 故 $A_j\in\mathbb{Z}^{h\times h}$. 又 A_j 与 D_j 相似, 故 $t_{1j},t_{2j},\cdots,t_{hj}$ 都是 A_j 的特征值. 于是有

引理 5.4.1 t_{ij} 都是代数整数.

我们来计算 t_{ij}. 由于

$$\rho_i(c_j) = \sum_{l=1}^{h} t_{lj}\rho_i(e_l),$$

注意到 $\rho_i(e_l) = \delta_{il}\mathrm{id}_{V_i}$, 上式两边取迹可得

$$|C_j|\chi_i(s_j) = t_{ij}\dim V_i = t_{ij}\chi_i(1),$$

其中, $s_j \in C_j$. 因此我们有

引理 5.4.2 $t_{ij} = \dfrac{|C_j|}{\chi_i(1)}\chi_i(s_j)$.

注意到 T 与 (3.14) 中酉矩阵 A 的关系不难求出 T^{-1}, 从而有

命题 5.4.3 $e_i = \dfrac{\chi_i(1)}{|G|}\sum\limits_{j=1}^{h}\chi_i(s_j^{-1})C_j = \dfrac{\chi_i(1)}{|G|}\sum\limits_{s\in G}\chi_i(s^{-1})s$.

我们也可以直接设 $e_i = \sum\limits_{s\in G} a_s s$, 利用左正则表示的特征标 χ_R 的特点可得

$$\begin{aligned}
a_s &= \frac{1}{|G|}\chi_R(e_i s^{-1}) \\
&= \frac{1}{|G|}\sum_{j=1}^{s}\chi_j(1)\chi_j(e_i s^{-1}) \\
&= \frac{1}{|G|}\sum_{j=1}^{s}\chi_j(1)\mathrm{tr}\,(\rho_j(e_i)\rho(s^{-1})) \\
&= \frac{1}{|G|}\chi_i(1)\chi_i(s^{-1}).
\end{aligned}$$

现在我们可以得到表示维数的第二个重要性质 (见定理 3.3.7).

定理 5.4.4 设 χ 为不可约特征标, 则 $\chi(1)||G|$.

证 由于 $t_{ij} = \dfrac{|C_j|}{\chi_i(1)}\chi_i(s_j)$ 和 $\chi_i(s_j)$ 都是代数整数, 故 $\dfrac{|C_j|}{\chi_i(1)}\chi_i(s_j)\overline{\chi_i(s_j)}$ 也是代数整数. 由于

$$(\chi_i,\chi_i) = \frac{1}{|G|}\sum_{s\in G}\chi_i(s)\overline{\chi_i(s)} = \frac{1}{|G|}\sum_{j=1}^{h}\sum_{s_j\in C_j}\chi_i(s_j)\overline{\chi_i(s_j)} = 1,$$

故

$$\sum_{j=1}^{h} \frac{|C_j|}{\chi_i(1)} \chi_i(s_j)\overline{\chi_i(s_j)} = \frac{|G|}{\chi_i(1)}.$$

上式左边是代数整数, 故 $\dfrac{|G|}{\chi_i(1)} \in \mathbb{Q}$ 也是代数整数. 因此 $\chi_i(1)||G|$. □

利用这个定理, 我们可以得到一些命题的新证明, 例如

问题 5.4.5 设 p 为素数, 则 p^2 阶群 G 是 Abel 群.

定理 5.4.4 还可以加强.

命题 5.4.6 (Schur) 设 $Z(G)$ 为群 G 的中心, χ 为群 G 的不可约复特征标, 则

$$\chi(1)|[G : Z(G)].$$

证 设 (ρ, V) 为 G 的不可约表示, 则 $(\rho^{\otimes m}, V^{\otimes m})$ 是 $G^m = G \times G \times \cdots \times G$ 的不可约表示. 自然有 $Z(G)^m$ 为 G^m 的中心. 考虑 G^m 的子群

$$H = \{(c_1, c_2, \cdots, c_m) \in Z(G)^m | c_1 c_2 \cdots c_m = 1\},$$

其在 $V^{\otimes m}$ 上的作用是平凡的. 于是 $H \subseteq \operatorname{Ker} \rho^{\otimes m}$, 从而 $\rho^{\otimes m}$ 可以看作 G^m/H 的不可约表示. 故我们有

$$\chi(1)^m \big| |G|^m / |Z(G)|^{m-1} = (|G|/|Z(G)|)^m |Z(G)|.$$

从而有 $\chi(1) \big| [G : Z(G)]$. □

上面的这些结论只是表示论的牛刀小试. 实际上, 从表示论诞生之日起, 它带给世人的惊喜越来越大, 它在包括群论在内的很多分支都发挥着越来越重要的作用. 群论中有两类群一直是研究热点: 一是单群, 它是利用扩张构造所有有限群的基础; 二是可解群, 它关系到方程是否可用根式解. 两者的研究实际上是密不可分的, 一个可解群自然不是非 Abel 单群. Burnside 在研究了 4 万阶以下的群的结构后猜想所有奇数阶群都是可解的. 后来 Feit 和 Thompson 证明了这个猜想, 其证明方法当然离不开表示论, 这在有限单群的分类研究进程中留下了具有传奇色彩的一页.

如何利用群的表示来判断群的单性, 或者如何求出其非平凡正规子群? 一个简单的想法是, 给定群 G 的非平凡表示 (ρ, V), $\operatorname{Ker} \rho$ 是 G 的正规子群. 如果 ρ 不是忠实的, 自然有 $\operatorname{Ker} \rho$ 是非平凡正规子群, 从而 G 不是单群. 对于忠实表示,

由于 $\mathrm{Ker}\,\rho$ 是平凡的, 我们需要寻找其他可能的正规子群, 例如, 由引理 3.6.2 知, $\mathrm{Im}\,\rho$ 的中心的原像 Z_ρ 是 G 的正规子群, 且在 ρ 是不可约表示时, 用特征标容易得到 Z_ρ. 如何判断元素 s 是否在 Z_ρ 中呢? 特征标的整性在此又发挥了重要作用.

对任意 $s \in G$, $s \neq 1$, 由第二正交关系有

$$\sum_{i=1}^{h} \chi_i(s)\overline{\chi_i(1)} = \sum_{i=1}^{h} \chi_i(s)\chi_i(1) = 0.$$

设 χ_1 为平凡表示的特征标, 于是有

$$1 + \sum_{i=2}^{h} \chi_i(s)\chi_i(1) = 0.$$

如果 p 为素数, 且 $p|\chi_i(1)$, $i = 2, 3, \cdots, h$, 则

$$\sum_{i=2}^{h} \chi_i(s)\frac{\chi_i(1)}{p} = -\frac{1}{p}.$$

左式是代数整数, 右式是非整数的有理数, 矛盾. 在此基础上, Burnside 得到了如下结果.

命题 5.4.7 设 $s \in G$, $s \neq 1$, C_s 为 s 的共轭类. 若 $|C_s| = p^c$, 其中 p 为素数, $c \in \mathbb{N}$, 则 G 不是非 Abel 单群.

证 利用上面的讨论知, 存在 $i \geqslant 2$, 使得 $\chi_i(s) \neq 0$ 且 $p \nmid \chi_i(1) = n_i$. 于是 n_i 与 p^c 互素, 则存在 $a, b \in \mathbb{Z}$ 使得 $ap^c + bn_i = 1$. 利用引理 5.4.1 和引理 5.4.2, 考虑

$$a\frac{p^c}{n_i}\chi_i(s) + b\chi_i(s) = \frac{\chi_i(s)}{n_i}.$$

左式是代数整数, 故 $\dfrac{\chi_i(s)}{n_i}$ 也是代数整数. 设 $\dfrac{\chi_i(s)}{n_i}$ 的最小多项式为 $f(x) \in \mathbb{Z}[x]$, 其所有根为 $c_1 = \dfrac{\chi_i(s)}{n_i}, c_2, \cdots, c_m$. 注意到 c_1 是 n_i 个 $|G|$ 次单位根的平均值. 考虑分圆扩张 $\mathbb{Q}(\omega)/\mathbb{Q}$, 其中 ω 是 $|G|$ 次本原单位根. 由于 $c_1 \in \mathbb{Q}(\omega)$, 且 $\mathbb{Q}(\omega)/\mathbb{Q}$ 是 Galois 扩张, 故 $c_2, \cdots, c_m \in \mathbb{Q}(\omega)$. 又由 $f(x)$ 不可约知, $\mathrm{Gal}(\mathbb{Q}(\omega)/\mathbb{Q})$ 在 c_1, $c_2, \cdots, c_m$ 上作用可递. 由于 $\mathrm{Gal}(\mathbb{Q}(\omega)/\mathbb{Q})$ 中的元素将单位根映到单位根, 因此 c_i 都是 n_i 个 $|G|$ 次单位根的平均值. 于是 $|c_i| \leqslant 1$. 从而 $|f(0)| = |c_1c_2\cdots c_m| \leqslant 1$. 由于 $c_1 \neq 0$, 则 $f(0) \neq 0$, 故 $|f(0)| = 1$, 从而 $|c_i| = 1$, 即 $|\chi_i(s)| =$

$\chi_i(1)$. 于是由引理 3.6.1 和引理 3.6.2 可得 $s \in Z_\rho$. 如果 G 是非 Abel 单群, 则 ρ_i 是忠实表示. 又 Z_ρ 是 G 的正规子群, 故 $Z_\rho = G$, 从而 G 交换, 矛盾. □

问题是什么样的群有满足命题中条件的共轭类呢? 由于共轭类元素的个数是群的阶数的因子, 自然 p-群满足条件. p-群都是幂零的, 自然是可解的. 进一步, 群 G 的阶如果只有两个不同素因子 p, q, 即 $|G| = p^a q^b$, $a, b \in \mathbb{N}^*$, 情况又如何呢? Burnside 得到了如下的 $p^a q^b$ **定理**.

定理 5.4.8 设 $|G| = p^a q^b$, 其中 p, q 为不同的素数, $a, b \in \mathbb{N}$, 则 G 可解.

证 我们只需考虑 a, b 都为正整数情形. 考虑 G 的 Sylow q-子群 Q, 由于 Q 幂零, 其中心 $Z(Q)$ 是非平凡的. 任取 $s \in Z(Q)$, $s \neq 1$, 则 $Q \subseteq C_G(s)$. 故 s 的共轭类 C_s 满足 $|C_s| = [G : C_G(s)] | p^a$. 于是 $|C_s| = p^c$, $c \in \mathbb{N}$. 利用上述命题可得 G 不是非 Abel 单群.

如果 G 是 Abel 单群, 自然可解. 否则, G 非平凡正规子群 H, 则 $|H| = p^c q^d$, $|G/H| = p^{a-c} q^{b-d}$. 对 G 的阶数作归纳可知 $H, G/H$ 都是可解群, 从而 G 也是可解的. □

5.5 Hopf 代数与 Schur-Weyl 对偶

群与结合代数之间的桥梁的建立极大地丰富了数学研究内容. 这里我们简单介绍两个非常有趣的研究对象.

首先是 Hopf 代数, 其出发点是表示的张量积的定义. 对于群 G 的表示 (ρ, V), (π, W), 我们可以很自然地定义二者的张量积表示 $(\rho \otimes \pi, V \otimes W)$, 其中

$$(\rho \otimes \pi)(s) = \rho(s) \otimes \pi(s), \quad \forall s \in G.$$

不过对于结合代数 $\mathcal{A}$ 的表示 $(\rho, V), (\pi, W)$, 如何定义表示的张量积是一个头疼的事情. 一般来说不外乎两种方式: 对任意 $a \in \mathcal{A}$, 定义 $V \otimes W$ 中线性变换为

$$\rho \otimes \pi(a) = \rho(a) \otimes \pi(a),$$

或

$$\rho \otimes \pi(a) = \rho(a) \otimes \mathrm{id}_W + \mathrm{id}_V \otimes \pi(a).$$

不过, 这两种方式一般都不是结合代数同态. 如何定义才合适呢? 可以从群代数的张量积的定义中取经.

将 G 的张量积表示 $V \otimes W$ 看成 $\mathbb{F}G$ 的表示 (为了方便记 $\mathcal{A} = \mathbb{F}G$), 即对任意 $\sum\limits_{s \in G} a_s s \in \mathcal{A}$, 定义

$$(\rho \otimes \pi)\left(\sum_{s \in G} a_s s\right) = \sum_{s \in G} a_s \rho(s) \otimes \pi(s).$$

这启发我们考虑映射

$$\Delta : \mathcal{A} \to \mathcal{A} \otimes \mathcal{A}, \quad \sum_{s \in G} a_s s = \sum_{s \in G} a_s s \otimes s.$$

由于 $\mathcal{A} \otimes \mathcal{A}$ 上有自然的结合代数结构, 于是不难验证

引理 5.5.1 Δ 是结合代数同态.

更进一步, 我们把 Δ 分别作用在 $\mathcal{A} \otimes \mathcal{A}$ 上的其中一个分量上, 有

$$s \otimes t \mapsto \Delta(s) \otimes t, \quad s \otimes t \mapsto s \otimes \Delta(t),$$

这就得到了 $\mathcal{A} \otimes \mathcal{A} \mapsto \mathcal{A} \otimes \mathcal{A} \otimes \mathcal{A}$ 的两个映射, 分别记为 $\Delta \otimes \mathrm{id}$ 和 $\mathrm{id} \otimes \Delta$. 不难验证

命题 5.5.2 $\Delta \otimes \mathrm{id} \circ \Delta = \mathrm{id} \otimes \Delta \circ \Delta$, 即有如下交换图

$$\begin{array}{ccc}
\mathcal{A} & \xrightarrow{\Delta} & \mathcal{A} \otimes \mathcal{A} \\
{\scriptstyle \Delta}\downarrow & & \downarrow{\scriptstyle \Delta \otimes \mathrm{id}} \\
\mathcal{A} \otimes \mathcal{A} & \xrightarrow{\mathrm{id} \otimes \Delta} & \mathcal{A} \otimes \mathcal{A} \otimes \mathcal{A}
\end{array}$$

注意到 $\mathcal{A}$ 上的结合代数结构实际上是 $\mathcal{A} \otimes \mathcal{A}$ 到 $\mathcal{A}$ 的一个线性映射 m, 结合律也可以表示为如下的交换图

$$\begin{array}{ccc}
\mathcal{A} \otimes \mathcal{A} \otimes \mathcal{A} & \xrightarrow{m \otimes \mathrm{id}} & \mathcal{A} \otimes \mathcal{A} \\
{\scriptstyle \mathrm{id} \otimes m}\downarrow & & \downarrow{\scriptstyle m} \\
\mathcal{A} \otimes \mathcal{A} & \xrightarrow{m} & \mathcal{A}
\end{array}$$

上述两个交换图的箭头恰好相反. 我们称 Δ 为**余乘**, 其满足的交换图为**余结合律**. 由此可引出余代数、Hopf 代数等深刻的研究对象, 详情可参见 Abe 和 Sweedler 的文献[7, 24].

另一个值得讨论的话题是 Schur-Weyl 对偶. 我们还是从群代数 $\mathcal{A} = \mathbb{C}G$ 出发. 作为结合代数有分解

$$\mathcal{A} = \mathbb{C}^{n_1 \times n_1} \oplus \mathbb{C}^{n_2 \times n_2} \oplus \cdots \oplus \mathbb{C}^{n_h \times n_h}, \tag{5.4}$$

其中 n_i $(i = 1, 2, \cdots, h)$ 是 G 的不可约复表示的维数. 对任意 $x, y \in \mathcal{A}$, 定义 $l_x(y) = r_y(x) = xy$, 则有 $\mathcal{A}$ 到 $\operatorname{End}\mathcal{A}$ 的两个线性映射

$$l(x) = l_x, \quad r(x) = r_x,$$

并且 l 是代数同态 $(l(xy) = l(x)l(y))$, r 是反代数同态 $(r(xy) = r(y)r(x))$. 有时为了方便, 在 $\mathcal{A}$ 中定义乘法 $x \circ y = yx$, 这样得到的结合代数记为 $\mathcal{A}^\circ$, 则 r 是 $\mathcal{A}^\circ$ 到 $\operatorname{End}\mathcal{A}$ 的代数同态. 由于对任意 $x, y \in \mathcal{A}$, $l(x)r(y) = r(y)l(x)$, 不难看出, $\mathcal{A}$ 的左正则表示 $(l, \mathcal{A})$ 的缠结算子全体为 $\operatorname{Im} r$. 如果利用右乘将 $\mathcal{A}$ 看成 $\mathcal{A}^\circ$ 的表示, 则其缠结算子集合为 $\operatorname{Im} l$. 将 $\mathcal{A}$ 看成 $\mathcal{A} + \mathcal{A}^\circ$ 的表示, 则 (5.4) 可以改写为

$$\mathcal{A} = V_1 \otimes V_1^* \oplus V_2 \otimes V_2^* \oplus \cdots \oplus V_h \otimes V_h^*,$$

其中, $V_1, V_2, \cdots, V_h$ 是 $\mathcal{A}$ 的所有不可约复表示, $V_1^*, V_2^*, \cdots, V_h^*$ 是 $\mathcal{A}^\circ$ 的所有不可约复表示. 换言之, 左正则表示实际上给出了 $\mathcal{A}$ 与 $\mathcal{A}^\circ$ 的不可约复表示的一一对应.

为了更好地说明问题, 我们引入一个记号. 设 V 为线性空间, $S \subseteq \operatorname{End} V$, 定义 S 的中心化子为

$$S' = \{x \in \operatorname{End} V | xs = sx, \forall s \in S\},$$

则 S' 是一个结合代数. 特别地, 如果 S 是一个结合代数, V 自然是 S 的一个表示, S' 就是缠结算子的全体. 我们将 V 看成 S' 的表示, 同样有缠结算子 $S'' = (S')'$. 自然地, $S \subseteq S''$, $S' = S'''$. 前面提到的 $\mathcal{A}, \mathcal{A}^\circ$ 就是互为中心化子, 即 $\mathcal{A}^\circ = \mathcal{A}'$, $\mathcal{A} = \mathcal{A}''$. 这个结论推广到一般的半单结合代数上就是如下的**双重中心化子定理**.

定理 5.5.3 设 V 为 $\mathbb{F}$ 上的有限维线性空间, $\mathcal{A} \subseteq \operatorname{End} V$ 为半单结合代数, 则 $\mathcal{A} = \mathcal{A}''$.

证 只需证明 $\mathcal{A}'' \subseteq \mathcal{A}$. 任取 V 的一组基 $v_1, v_2, \cdots, v_n$, 只需证明对任意 $B \in \mathcal{A}''$, 存在 $C \in \mathcal{A}$ 使得 $Bv_i = Cv_i$, $i = 1, 2, \cdots, n$. 记 $V^n = \underbrace{V \oplus V \oplus \cdots \oplus V}_{n}$,

取 $v=(v_1,v_2,\cdots,v_n)\in V^n$, 则 $W=\mathcal{A}v\subseteq V^n$ 是一个 $\mathcal{A}$-模, 自然有一个补子模. 于是有缠结算子 $P\in \mathrm{Hom}_{\mathcal{A}}(V^n,V^n)$ 使得 $P^2=P$, $\mathrm{Im}\,P=W$.

对任意 $\alpha\in V$, $P(\alpha,0,\cdots,0)=(\alpha_1,\alpha_2,\cdots,\alpha_n)$, 则 $A_{1j}(\alpha)=\alpha_j$ 是 V 上线性变换. 类似地可以得到 n^2 个线性变换 A_{ij}. 由 $P\in\mathcal{A}'$ 可知 $A_{ij}\in\mathcal{A}'$. 对任意 $B\in\mathcal{A}''$, 自然有 $BA_{ij}=A_{ij}B$, $i,j=1,2,\cdots,n$. 定义

$$B(\alpha_1,\alpha_2,\cdots,\alpha_n)=(B\alpha_1,B\alpha_2,\cdots,B\alpha_n),$$

则 B 可以自然看成 $\mathrm{End}\,V^n$ 中的元素. 于是不难验证 $PB=BP$. 由于 $v=(v_1,v_2,\cdots,v_n)\in W$, 故 $Pv=v$, 且

$$PBv=BPv=Bv\in W.$$

由 W 的定义知存在 $C\in\mathcal{A}$ 使得 $Bv=Cv$, 即为所要证明的 $Bv_i=Cv_i$. □

我们考虑一种特殊情形. 设 $V=\mathbb{C}^m$, $V^{\otimes n}=\underbrace{V\otimes V\otimes\cdots\otimes V}_{n}$. 于是 S_n 在 $V^{\otimes n}$ 上有一个自然的表示 π:

$$\pi(s)(v_1\otimes v_2\otimes\cdots\otimes v_n)=v_{s^{-1}(1)}\otimes v_{s^{-1}(2)}\otimes\cdots\otimes v_{s^{-1}(n)},\quad s\in S_n.$$

任意方阵 $A\in \mathrm{GL}(m,\mathbb{C})$ 在 $V^{\otimes n}$ 上有一个自然的作用:

$$\rho(A)(v_1\otimes v_2\otimes\cdots\otimes v_n)=Av_1\otimes Av_2\otimes\cdots\otimes Av_n.$$

于是 $(\rho,V^{\otimes n})$ 是 $\mathrm{GL}(m,\mathbb{C})$ 的表示 (注意: 不能将 ρ 看成 $\mathbb{C}^{n\times n}$ 的表示!). 由于 S_n 的作用只是改变张量积中分量 v_i 的位置, 因此 $\rho(A)$ 是 π 的缠结算子. 特别地, Schur 证明了:

定理 5.5.4 设 $\mathcal{A}$ 是 $\pi(S_n)$ 张成的结合代数, $\mathcal{B}$ 为 $\rho(\mathrm{GL}(m,\mathbb{C}))$ 张成的结合代数, 则 $\mathcal{A}'=\mathcal{B}$, $\mathcal{B}'=\mathcal{A}$.

进一步有如下的 Schur-Weyl 对偶.

定理 5.5.5 作为 $S_n\times \mathrm{GL}(m,\mathbb{C})$ 的表示, $V^{\otimes n}$ 可以分解为 $S_n\times \mathrm{GL}(m,\mathbb{C})$ 的不可约表示的直和

$$V^{\otimes n}=V_1\otimes W_1\oplus V_2\otimes W_2\oplus\cdots\oplus V_k\otimes W_k,$$

其中 V_i 是 S_n 的互不同构的不可约复表示, W_i 是 $\mathrm{GL}(m,\mathbb{C})$ 的互不同构的不可

约复表示, 也就是说 V_i 与 W_i 是互相唯一确定的.

S_n 的表示是第 6 章的主要内容, 利用这个对偶, 就可以得到 $\mathrm{GL}(m,\mathbb{C})$ 的一些不可约表示了. 实际上, 当 n 变化时可以得到很多 $\mathrm{GL}(m,\mathbb{C})$ 的表示, 这些表示本质上就是 $\mathrm{GL}(m,\mathbb{C})$ 的所有 (有限维) 不可约复表示 (需要适当调整 $\mathrm{GL}(m,\mathbb{C})$ 的中心在表示空间的作用). 这部分内容可以参考 Goodman 和 Wallach 合著的书[13].

第 6 章　对称群与交错群的表示

在前文中, 我们得到了群表示的特征标理论, 在理论上给出了有限群的常表示尤其是复表示的完美刻画. 特别地, 我们知道有限群 G 的不可约复表示的等价类 $\widehat{G}$ 与 G 的共轭类 $\mathrm{Conj}\,(G)$ 的元素个数相同. 一个值得深思的问题是, 这里的相同是巧合还是有深层次的原因? 能否在 $\widehat{G}$ 与 $\mathrm{Conj}\,(G)$ 之间建立一个自然的一一对应? 这些问题对大多数有限群并没有令人满意的解答. 不过对于对称群, 的确存在这样的一一对应. 利用 Young 图, Alfred Young 发展了一套有效的办法来, 从对称群的共轭类出发得到其群代数的本原幂等元, 从而得到 S_n 的不可约表示. 几乎同时, Specht 也给出了 Specht 模的构造. 研究 S_n 的重要意义还在于任何有限群都同构于某个对称群的子群. 注意到 S_n 的表示自然可以看作 S_n 的子群的表示, 从而可以得到一般群表示的信息. 特别地, A_n 与 S_n 的不可约复表示之间存在很好的对应关系.

6.1　Young 图与 Young 表

我们知道, 当 $n \geqslant 3$ 时, S_n 有两个不同构的一维表示: 平凡表示 ρ_1 和符号表示 ρ_2; 也有一个 $n-1$ 维约减表示 ρ_3. 当然, $\rho_2 \otimes \rho_3$ 也是不可约的.

思考题 6.1.1　试判断 ρ_3 与 $\rho_2 \otimes \rho_3$ 是否同构.

如何给出 S_n 的所有不可约表示的分类呢? 这需要利用群代数, 求出不可约表示对应的本原幂等元. 我们考虑最简单情形.

例 6.1.2　由 $\mathbb{C}S_3 \cong \mathbb{C} \oplus \mathbb{C} \oplus \mathbb{C}^{2\times 2}$, 三个理想分别对应的中心幂等元为

$$e_1 = \frac{1}{6}\sum_{s\in S_3} s, \quad e_2 = \frac{1}{6}\sum_{s\in S_3} \mathrm{sgn}\,(s)s, \quad e_3 = (1) - e_1 - e_2.$$

具体而言，

$$e_3 = \frac{1}{3}(2(1) - (123) - (132)).$$

$\mathbb{C}^{2\times 2}$ 是 S_3 的两个二维不可约表示的直和，因此我们需要把 e_3 分解成两个本原幂等元的和：

$$\begin{aligned} e_3 &= \frac{1}{3}((1) - (123) + (1) - (132)) \\ &= \frac{1}{3}((1) + (13))((1) - (12)) + \frac{1}{3}((1) + (12))((1) - (13)) \\ &= e_4 + e_5. \end{aligned}$$

不难验证，e_4, e_5 都是幂等元，且 $e_4e_5 = e_5e_4 = 0$. 这里

$$(1) \pm (12), \quad (1) \pm (13)$$

分别是群 $\{(1), (12)\}$ 和 $\{(1), (13)\}$ 的中心幂等元的倍数.

为了研究 S_n 的群代数的结构或者表示，我们需要将上述想法推广. 首先考虑 S_n 的共轭类. 我们知道，S_n 的共轭类与 n 的划分一一对应. 为了方便，通常用图表的形式表示 n 的划分，我们引入如下概念.

定义 6.1.3 设 $\lambda = (\lambda_1, \lambda_2, \cdots, \lambda_k)$ 为 n 的一个划分. 将 n 个相同的方格按照左对齐的方式排成 k 行，其中第 i 行有 λ_i 个方格. 这样得到的图形称为划分 λ 对应的 **Young 图**. 如果将 $1, 2, \cdots, n$ 不重复地填入一个 Young 图的每个方格中，则得到 (属于 λ 的) **Young 表**.

例如，3 的划分有三个，即 (3), (2, 1) 和 (1, 1, 1)，对应的 Young 图如下.

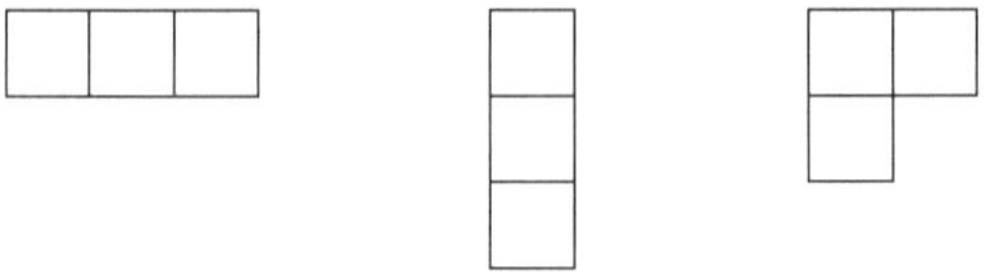

当然，给定 n 的划分，对应的 Young 图只有一个，而 Young 表有 $n!$ 个. 例如，S_3 的对应于划分 $(2, 1)$ 的 Young 表有

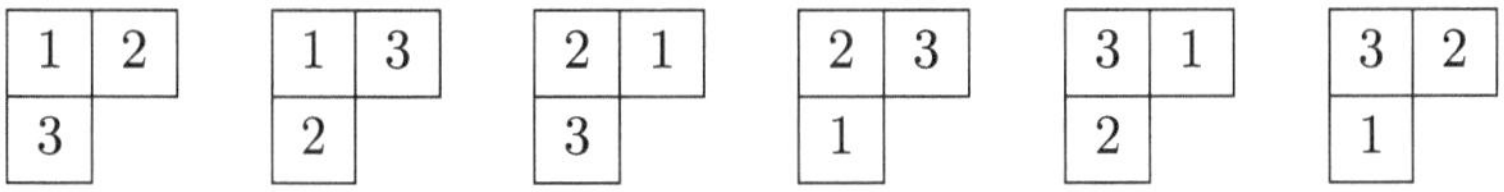

一般地，S_n 可以自然地作用在任何划分对应的 $n!$ 个 Young 表上，也就是 S_n 中的置换直接作用在 Young 表中的数字上. 对任意 $g \in S_n$, g 在 Young 表 T 上作用后得到的 Young 表记为 gT. S_n 在 Young 表上的作用对应的置换表示就是

左正则表示.

6.2 Young 对称化子

既然 S_n 的共轭类与 Young 图一一对应, 其不可约复表示自然也与 Young 图一一对应, 问题是有自然的一一对应吗? 也就是说, 是否有一个方法可以从一个 Young 图出发得到 S_n 的一个不可约复表示, 并且从不同的 Young 图得到的不可约复表示不同构? 结论时肯定的. 我们要采取的策略如下:

(1) 从 Young 表出发构造本原幂等元, 从而得到 $\mathbb{C}S_n$ 的极小左理想, 也就是 S_n 的不可约表示.

(2) 证明同一个 Young 图的不同 Young 表所对应的不可约复表示是同构的.

(3) 证明不同划分对应的不可约复表示是不同构的, 从而得到 $\widehat{S_n}$.

为了实现以上步骤, 首要任务是找到本原幂等元. 为此需要引入如下定义.

定义 6.2.1 设 T 为一个 Young 表, 记 $R(T)$ 为保持各行数字整体不变的置换的全体, $C(T)$ 为保持各列数字整体不变的置换的全体.

利用定义不难得到

引理 6.2.2 (1) $R(T)$ 和 $C(T)$ 都是 S_n 的子群;

(2) $R(T)\cap C(T)=\{1\}$, 从而若 $p_1,p_2\in R(T)$, $q_1,q_2\in C(T)$, 则 $p_1q_1=p_2q_2$ 当且仅当 $p_1=p_2$, $q_1=q_2$.

如果 T 属于划分 $\lambda=(\lambda_1,\lambda_2,\cdots,\lambda_k)$, 则容易看出

$$R(T)\cong S_{\lambda_1}\times S_{\lambda_2}\times\cdots\times S_{\lambda_k};$$

$$C(T)\cong S_{\lambda'_1}\times S_{\lambda'_2}\times\cdots\times S_{\lambda'_l},$$

其中 $\lambda'_1,\lambda'_2,\cdots,\lambda'_l$ 分别为 T 的各列方格的个数. 自然地, $\lambda'=(\lambda'_1,\lambda'_2,\cdots,\lambda'_l)$ 也是 n 的一个划分, 称为 λ 的**转置**. 我们也可以用一个略显怪异的方式计算 λ'.

引理 6.2.3 $\lambda'_j=|\{i|\lambda_i\geqslant j\}|$. 这里, $|X|$ 表示集合 X 的元素个数.

划分 λ 与其转置 λ' 对应的 Young 图正是一个转置的关系. 例如

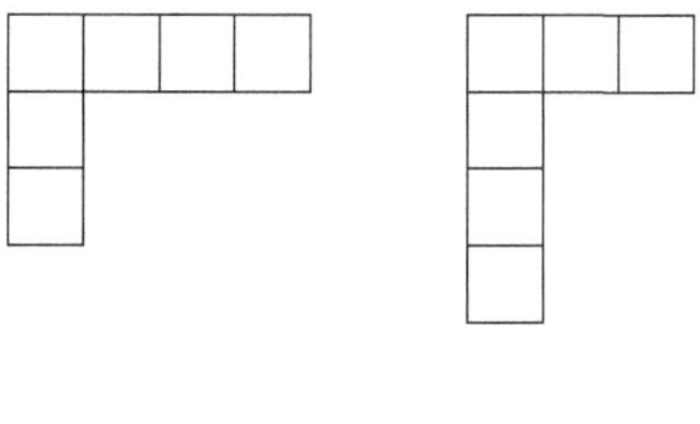

现在可以开始寻找 $\mathbb{C}S_n$ 的本原幂等元了. 对于 S_n 的 Young 表 T, 我们引入记号:

$$a(T)=\sum_{p\in R(T)}p,\quad b(T)=\sum_{q\in C(T)}(\operatorname{sgn}q)q.$$

作为群代数 $\mathbb{C}S_n$ 中的元素, $\dfrac{a(T)}{|R(T)|},\dfrac{b(T)}{|C(T)|}$ 都是幂等元, 不过它们一般都不是本原幂等元. 我们先看一个简单例子.

例 6.2.4 考虑 S_3 的 Young 表

1	2	3

1
2
3

1	2
3	

1	3
2	

我们有如下表格:

$R(T)$	$C(T)$	$a(T)$	$b(T)$
S_3	$\{(1)\}$	$\sum\limits_{s\in S_3}s$	(1)
$\{(1)\}$	S_3	(1)	$\sum\limits_{s\in S_3}\operatorname{sgn}(s)s$
$\{(1),(12)\}$	$\{(1),(13)\}$	$(1)+(12)$	$(1)-(13)$
$\{(1),(13)\}$	$\{(1),(12)\}$	$(1)+(13)$	$(1)-(12)$

与例 6.1.2 进行对比, 我们发现将上述各 Young 表中的 $a(T)$ 与 $b(T)$ 相乘就能得到我们所需的本原幂等元! 这启发我们考虑

$$e(T)=a(T)b(T),$$

这就是 **Young 对称化子**. 有点意外的是: $e(T)$ 的某个常数倍就是我们在寻找的本原幂等元! 当然, 证明这一点并不容易. 首先注意到

引理 6.2.5 对任意 $p\in R(T),q\in C(T)$ 有 $pa(T)=a(T)$, $b(T)q=\operatorname{sgn}(q)\cdot b(T)$, 从而得

$$pe(T)q=\operatorname{sgn}(q)e(T).$$

我们可以用表示的观点来解释这个看起来简单的结论. 在 $\mathbb{C}S_n$ 上有 S_n 的左乘和右乘作用, 从而定义了 $S_n\times S_n$ 在 $\mathbb{C}S_n$ 上的作用为

$$(s,t)\sum_{g\in S_n}a_g g=\sum_{g\in S_n}a_g sgt^{-1}.$$

这自然定义了 $C(T)\times R(T)$ 的作用:

$$(p,q)\sum_{g\in S_n}a_g g=\sum_{g\in S_n}a_g qgq^{-1}.$$

于是 $\mathrm{Span}\{e(T)\}$ 是 $R(T)\times C(T)$ 的一维表示, 且同构于 $R(T)$ 的平凡表示与 $C(T)$ 的符号表示的张量积 $\rho_1\otimes\mathrm{sgn}$. 一个自然的问题是 $\rho_1\otimes\mathrm{sgn}$ 在 $\mathbb{C}S_n$ 上出现的重数是多少? 结论有点出人意料: 一重! 为此我们需要做点准备.

引理 6.2.6　设 T 为 Young 表, $g\in S_n$, 则 $g\notin R(T)C(T)$ 当且仅当存在 i,j 使得 $(ij)\in R(T)\cap C(gT)$, 也就是说, i,j 在 T 的同一行中, 也在 gT 的同一列中.

证　我们证明其逆否命题. 设 $g=pq$, 其中 $p\in R(T)$, $q\in C(T)$. 注意到

$$gT=(pq)T=(pqp^{-1})(pT).$$

由于 i,j 在 T 的同一行, 而 $p\in R(T)$, 故 i,j 也在 pT 的同一行, 自然不在同一列. 由于 $q\in C(T)$, 则 $pqp^{-1}\in C(pT)$. 于是 pqp^{-1} 分别保持 i,j 所在的列不变, 故 i,j 不在 gT 的同一列.

反之, 若 T 中同一行元素在 gT 的不同列中, 如 T 的第一行元素 $i_1,i_2,\cdots,i_k$ 分别在 gT 的第 $j_1,j_2,\cdots,j_k$ 列中, 则存在 $p_1\in R(T)$, 使得 $i_1,i_2,\cdots,i_k$ 分别在 p_1T 的第一行的第 $j_1,j_2,\cdots,j_k$ 列. 用同样方法处理其他行, 则存在 $p\in R(T)$ 使得 pT 中任何数与 gT 中该数在同一列. 于是存在 $q_1\in C(pT)=pC(T)p^{-1}$ 使得 $q_1pT=gT$, 从而 $g=q_1p$. 注意到存在 $q\in C(T)$ 使得 $q_1=pqp^{-1}$, 则

$$g=q_1p=pq\in R(T)C(T).$$

□

现在我们可以来证明想要的结论了.

命题 6.2.7　设 $x\in\mathbb{C}S_n$ 满足

$$pxq=(\mathrm{sgn}\,q)x,\quad\forall p\in R(T),\ q\in C(T),$$

则存在 $c\in\mathbb{C}$ 使得 $x=ce(T)$.

证　设 $x=\sum_{g\in S_n}a_g g$, 则由条件可知

$$x=\mathrm{sgn}\,(q)pxq=\mathrm{sgn}\,(q)\sum_{g\in S_n}a_g pgq.$$

比较系数即得 $a_{pgq}=\mathrm{sgn}\,(q)a_g$.

取 $g=1$, 则对任意 $p\in R(T), q\in C(T)$ 有 $a_{pg}=\operatorname{sgn}(q)a_1$. 从而

$$x=a_1e(T)+\sum_{g\notin R(T)C(T)}a_gg.$$

若 $g\notin R(T)C(T)$, 利用引理 6.2.6 取 $p=(ij)\in R(T)\cap C(gT)$, 则 $q=g^{-1}pg\in C(T)$ 是一个对换且 $pgq=g$. 利用 $a_{pgq}=\operatorname{sgn}(q)a_g$ 可得 $a_g=-a_g$, 即 $a_g=0$. □

于是, $e(T)^2=ce(T)$. 当 $c\neq 0$ 时, $\dfrac{1}{c}e(T)$ 是幂等元. 实际上我们有

命题 6.2.8 c 为一个正整数, 且满足 $c\dim\mathbb{C}S_ne(T)=n!$.

证 考虑线性变换 $\varphi:\mathbb{C}S_n\to\mathbb{C}S_n$, $\varphi(x)=xe(T)$. 易得 $\varphi^2=c\varphi$, 从而

$$\operatorname{tr}(\varphi)=c\operatorname{Im}\varphi=c\dim\mathbb{C}S_ne(T).$$

换一种方式计算 $\operatorname{tr}(\varphi)$. S_n 的所有元素自然是 $\mathbb{C}S_n$ 的一组基. 对任意 $s\in S_n$,

$$\varphi(s)=se(T)=\sum_{p\in R(T),q\in C(T)}\operatorname{sgn}(q)spq.$$

注意到 spq 是互不相同的群元素, 因此 φ 在这组基下的矩阵的对角元都是 1, 从而 $\operatorname{tr}(\varphi)=n!$. 于是结论成立. □

利用定理 5.2.8, 我们需要考虑 $\mathbb{C}S_n$ 的子代数 $e(T)\mathbb{C}S_ne(T)$, 其中任何元素 y 都形如 $e(T)xe(T)$, 自然满足

$$pyq=\operatorname{sgn}(q)y,\quad \forall p\in R(T),\ q\in C(T).$$

因此, y 是 $e(T)$ 的某个常数倍. 于是我们有

定理 6.2.9 $\dim e(T)\mathbb{C}S_ne(T)=1$, 因此 $\dfrac{1}{c}e(T)$ 是一个本原幂等元, $\mathbb{C}S_ne(T)$ 是一个极小左理想.

我们完成了计划的第一步, 第二步要容易一些. 设 T 是属于划分 λ 的 Young 表, 则属于 λ 的所有 Young 表都形如 gT $(g\in S_n)$. 如下结论是简单的.

引理 6.2.10 设 $g\in S_n$, 则

$$R(gT)=gR(T)g^{-1},\quad C(gT)=gC(T)g^{-1},\quad e(gT)=ge(T)g^{-1}.$$

不难看出 $x\mapsto xg^{-1}$ 是 $\mathbb{C}S_ne(T)$ 与 $\mathbb{C}S_ne(gT)$ 的模同构, 因此有

命题 6.2.11 极小左理想 $Ae(T)$ 与 $Ae(gT)$ 作为 $\mathbb{C}S_n$-模是同构的.

现在我们来完成最后一步: 要研究不同 Young 图对应的表示的关系. 为此我们需要引入划分的字典序: 设 $\lambda=(\lambda_1,\lambda_2,\cdots,\lambda_k)$, $\lambda'=(\lambda'_1,\lambda'_2,\cdots,\lambda'_l)$ 是 n 的两个划分, 称 $\lambda>\lambda'$, 如果存在 j 使得

$$\lambda_1=\lambda'_1,\cdots,\lambda_{j-1}=\lambda'_{j-1},\quad \lambda_j>\lambda'_j.$$

这样, n 的所有划分就构成了一个全序集, 也就是任何两个划分都可以比较大小.

对 n 的两个不同的划分 λ,λ', 分别取一个属于它们的 Young 表 T,T', 利用推论 5.2.9 可得

引理 6.2.12 如下条件等价:

(1) $\mathbb{C}S_ne(T)\ncong\mathbb{C}S_ne(T')$;

(2) $e(T')\mathbb{C}S_ne(T)=\{0\}$;

(3) $e(T')ge(T)=0,\ \forall g\in S_n$;

(4) $e(T')e(gT)=0,\ \forall g\in S_n$.

只需证明 $b(T')a(gT)=0$, 为此要了解 $C(T')$ 与 $R(T)$ 的关系.

引理 6.2.13 设 T,T' 分别为属于 λ,λ' 的 Young 表, 且 $\lambda>\lambda'$, 则存在 i,j 使得 $(ij)\in R(T)\cap C(T')$, 即 i,j 在 T 中位于同一行, 在 T' 中位于同一列.

证 设 $\lambda=(\lambda_1,\lambda_2,\cdots,\lambda_k)$, $\lambda'=(\lambda'_1,\lambda'_2,\cdots,\lambda'_l)$. 若结论不正确, 则 T 中的第一行数位于 T' 的不同列中, 从而 $\lambda'_1\geqslant\lambda_1$. 由于 $\lambda>\lambda'$, 故 $\lambda'_1=\lambda_1$. 于是我们可以作列变换使得 T' 和 T 的第一行的数一样 (排序可以不同). 再考虑第二行, 同样有 $\lambda'_2\geqslant\lambda_2$, 同样可得 $\lambda'_2=\lambda_2$. 以此类推可得 $\lambda'=\lambda$. 矛盾. □

这样我们就能体会 $a(T)$ 和 $b(T)$ 的定义方式不同的妙处了:

$$b(T')a(T)=(b(T')(ij))((ij)a(T))=-b(T')a(T).$$

此处的 T 是任意属于 λ 的 Young 表, 用 gT 替换 T 即有 $b(T')a(gT)=0$, 从而 $b(T')ga(T)=0$. 因此我们得到

命题 6.2.14 设 T,T' 分别是属于 λ,λ' 的 Young 表, 且 $\lambda\neq\lambda'$, 则 $\mathbb{C}S_ne(T)$ 与 $\mathbb{C}S_ne(T')$ 是不同构的 $\mathbb{C}S_n$- 模.

由此, 从 λ 的不同 Young 图得到的 S_n 的不可约表示都是同构的, 也就是同构意义下, λ 唯一确定了一个不可约表示, 记为 S_λ. 进一步, 不相同的划分得到的不可约表示都是不同构的. 由于 S_n 的不可约复表示与其共轭类一一对应, 后者又与 Young 图一一对应, 我们就得到了 S_n 的不可约复表示的分类.

需要注意的是, Young 对称化子可以定义为 $b(T)a(T)$. 利用定理 5.2.8 不难得到

问题 6.2.15 $\mathbb{C}S_n a(T)b(T) \cong \mathbb{C}S_n b(T)a(T)$.

6.3 Young 图的应用

由于 S_n 的不可约表示与 Young 图一一对应, 表示的信息应该能从 Young 图上读出来. 我们列举一些有趣的结论, 忽略其中的证明.

一个有趣的结论是:

命题 6.3.1 设 λ, λ' 对应的不可约表示分别为 ρ, ρ', 则

$$\rho' = \rho \otimes \mathrm{sgn}\,.$$

例如, $\lambda = (n)$ 对应的是平凡表示, λ' 对应的是符号表示, 自然满足上式.

Young 图还能告诉我们不可约表示的维数, 这就是所谓的钩长公式. Young 图中第 i 行第 j 列的方格, 与同行中在其右侧的方格及同列中在其下方的方格的全体构成一个钩形的 Young 图, 此图中方格的个数就是钩长, 记为 h_{ij}.

命题 6.3.2 Young 图对应的不可约复表示的维数为 $\dfrac{n!}{\prod\limits_{ij} h_{ij}}$.

我们仅用如下的例子来说明.

例 6.3.3 对于 9 的划分 $\lambda = (4, 2, 2, 1)$, 下面 Young 表中各个方格中的数字就其钩长:

7	5	2	1
4	2		
3	1		
1			

于是, S_λ 的维数为 9! 除以表格中所有数的乘积, 即

$$\dim S_\lambda = \frac{9!}{7 \cdot 5 \cdot 2 \cdot 1 \cdot 4 \cdot 2 \cdot 3 \cdot 1 \cdot 1} = 216.$$

例 6.3.4 对于 n 的划分 $(n-1, 1)$, 其钩长为

n	$n-2$	$\cdots$	1
1			

故其维数为 $n-1$. 而 S_n 的约减表示是不可约的 (见例 2.3.9), 其维数也是 $n-1$, 约减表示和符号表示 sgn 的张量积也是 $n-1$ 维的, $S_{(n-1,1)}$ 是哪一个表示?

将 S_{n-1} 自然看成 S_n 的子群, 则 S_n 的不可约复表示在 S_{n-1} 上的限制的分解也可以从 Young 图上看出来. 我们也只举一个例子.

例 6.3.5　考虑 6 的划分 $(3,2,1)$, 其 Young 图为

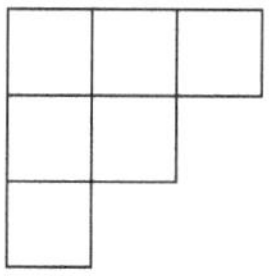

从这个 Young 图中去掉某个方格可以得到 S_5 的 Young 图, 一共有三种不同方式:

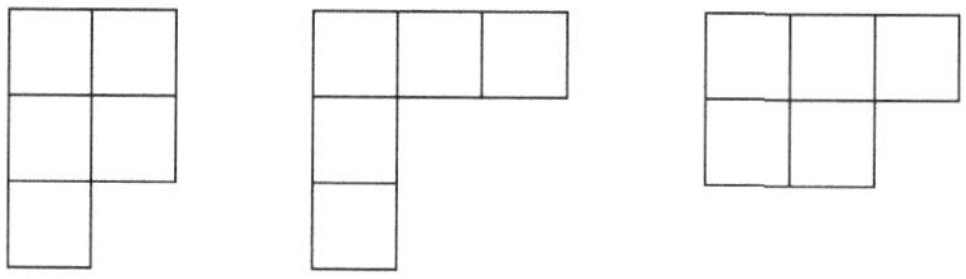

于是 S_6 的表示 $S_{(3,2,1)}$ 在 S_5 上的限制的分解为

$$S_{(3,2,1)}|_{S_5} \cong S_{(2,2,1)} + S_{(3,1,1)} + S_{(3,2)}.$$

不过需要小心的是, 在共轭意义下 S_6 的子群 S_5 有两类, 这里的 S_5 是 $\{1,2,3,4,5\}$ 的对称群, 保持 6 不变; 另一类子群 S_5 作用在 $\{1,2,3,4,5,6\}$ 上是可递的.

6.4　交错群的表示

研究清楚了 S_n 的不可约复表示的分类, 一个自然的问题是 A_n 的不可约复表示如何得到? 特别地, A_n 与 S_n 的表示有何关系? 容易想到的是考虑 S_n 的表示 (ρ, V) 在 A_n 上的限制 $(\mathrm{Res}_H^G\rho, V)$ 或 $(\mathrm{Res}\,\rho, V)$. 若 χ 为 (ρ, V) 的特征标, 则 $(\mathrm{Res}\,\rho, V)$ 的特征标记为 $\mathrm{Res}\,\chi$, 即 χ 在 H 上的限制. 这就产生了一系列问题.

问题 6.4.1　(1) 在什么情况下 $(\mathrm{Res}\,\rho, V)$ 是不可约的?

(2) 如果 $(\mathrm{Res}\,\rho, V)$ 可约, 如何分解为 H 的不可约复表示的直和?

(3) H 的任何不可约复表示是否都是某个 $(\mathrm{Res}\,\rho, V)$ 的不可约子表示?

我们先考虑简单情形: H 是 G 的指数为 2 的子群. 自然, H 是 G 的正规子群, 且 $G = H \cup gH$, 其中 $g \in G \setminus H$. 我们现在关心的情形是 $G = S_n$, $H = A_n$.

设 (ρ, V) 为 G 的不可约复表示, 若 $\mathrm{Res}\,\rho$ 是可约的, 任取不可约子表示 W, 不难验证 $gW = \rho(g)W$ 也是 H 的不可约复表示. 于是 $gW = W$ 或 $gW \cap W = \{0\}$.

注意到 $g^2 \in H$, 故 $W + gW$ 是 g 的不变子空间, 从而也是 G-不变子空间. 由 ρ 的不可约性且 W 是真子空间可得

$$W \oplus gW = V.$$

思考题 6.4.2 直接验证 $\mathrm{Hom}_G(W, gW) = \{0\}$, 从而 W 与 gW 不同构.

我们换一种方式: 计算特征标. 由于 ρ 是 G 的不可约复表示, 则

$$1 = (\chi, \chi)_G = \frac{1}{|G|}\sum_{s\in H}\chi(s)\overline{\chi(s)} + K = \frac{|H|}{|G|}(\mathrm{Res}\,\chi, \mathrm{Res}\,\chi)_H + K,$$

其中 $K = \dfrac{1}{|G|}\sum\limits_{s\notin H}\chi(s)\overline{\chi(s)} \geqslant 0$. 因此 $(\mathrm{Res}\,\chi, \mathrm{Res}\,\chi) \leqslant [G:H] = 2$. 于是我们有

定理 6.4.3 设 H 是 G 的指数为 2 的子群, (ρ, V) 是 G 的不可约复表示, 特征标为 χ, 则 $\mathrm{Res}\,\rho$ 必为如下两种情况之一:

(1) $\mathrm{Res}\,\rho$ 是不可约的, 此时存在 $g \notin H$ 使得 $\chi(g) \neq 0$;

(2) $\mathrm{Res}\,\rho = \rho_1 + \rho_2$, 其中, ρ_1, ρ_2 是不同构的不可约复表示, 但它们的维数相同, 此时对任意 $g \notin H$, $\chi(g) = 0$.

利用同样方法可以将定理 6.4.3 推广到一般情形.

命题 6.4.4 设 H 是 G 的子群, (ρ, V) 是 G 的不可约复表示, 特征标为 χ. 若

$$\mathrm{Res}\,\rho = m_1\rho_1 + m_2\rho_2 + \cdots + m_k\rho_k,$$

其中 ρ_i 为 H 的两两不同构的不可约复表示, m_i 为正整数, 则

$$\sum_{i=1}^{k} m_i^2 \leqslant [G:H],$$

且等号成立当且仅当对任意 $g \notin H$, $\chi(g) = 0$.

对于正规子群情形, 上述结论又可以加强为:

推论 6.4.5 记号同上. 设 H 是 G 的正规子群, 则 $\rho_1, \rho_2, \cdots, \rho_k$ 的维数都相等, 且其重数 m_i 也相等.

回到 $[G:H] = 2$ 的情形. 注意到 G 有一维符号表示 sgn, 满足

$$\mathrm{sgn}\,(s) = \begin{cases} 1, & s \in H, \\ 0, & s \notin H. \end{cases}$$

对任意 G 的不可约复表示 ρ, $\rho\otimes\mathrm{sgn}$ 也是不可约的, 且二者的特征标在 $s\in H$ 时取值相等, 在 $s\notin H$ 时取值互为相反数. 利用定理 6.4.3 及上述结论可得:

命题 6.4.6 (1) 若 ρ 与 $\rho\otimes\mathrm{sgn}$ 同构, 则 $\mathrm{Res}\,\rho$ 分解为两个不同构的不可约复表示的直和;

(2) 若 ρ 与 $\rho\otimes\mathrm{sgn}$ 不同构, 则二者在 H 上的限制是同构的不可约复表示.

令

$$\widehat{G}_1=\{\rho\in\widehat{G}|\mathrm{Res}\,\rho\ \text{不可约}\},\quad \widehat{G}_2=\{\rho\in\widehat{G}|\mathrm{Res}\,\rho\ \text{可约}\},$$

由 $\widehat{G}_i$ 中表示的限制得到的所有 H 的不可约复表示的全体分别记为 $\widehat{H}_i$, 利用特征标不难得到

命题 6.4.7 (1) $|\widehat{G}_1|=2|\widehat{H}_1|$, $2|\widehat{G}_2|=|\widehat{H}_2|$;

(2) $\widehat{H}=\widehat{H}_1\cup\widehat{H}_2$, 且 $\widehat{H}_1\cap\widehat{H}_2=\varnothing$.

特别地, 当 $G=S_n$, $H=A_n$ 时, ρ 与 $\rho\otimes\mathrm{sgn}$ 对应 Young 图互为转置, 因此很容易得到 $\widehat{A_n}$.

我们再来看看 A_n 的共轭类. 由于 S_n 的共轭类都是由奇置换或偶置换构成的, 其中的偶置换构成的共轭类是 A_n 的若干个共轭类的并. 设 $\sigma\in S_n$ 为偶置换, C_σ 为 σ 的共轭类, $C(\sigma)$ 为 σ 的中心化子, 也就是共轭作用下 σ 的迷向子群. 注意到轨道与陪集的关系, 我们有

引理 6.4.8 考虑 A_n 在 C_σ 上的共轭作用, 在 σ 的迷向子群为 $H=A_n\cap C(\sigma)$, 则 $[C(\sigma):H]=1$ 或 2. 当 $[C(\sigma):H]=1$, 即 $C(\sigma)\subseteq A_n$ 时, C_σ 是两个元素个数相同的 A_n 的共轭类的并; 当 $[C(\sigma):H]=2$ 时, $C(\sigma)$ 恰为 A_n 的一个轨道.

于是, 求 A_n 的共轭类就归结到偶置换 σ 是否与某个奇置换 τ 可换. 设没有奇置换与 σ 可换, 我们将 σ 写成不相交轮换的乘积

$$\sigma=\tau_1\tau_2\cdots\tau_k.$$

由于每个 τ_i 都与 σ 可交换, 故它们都是偶轮换, 长度为奇数. 又如果 τ_i 与 τ_j 的长度相同, 则存在 τ 使得

$$\tau^2=\mathrm{id},\quad \tau\tau_i\tau^{-1}=\tau_j.$$

因此 τ 与 σ 可换. 因为 τ_i 的长度为奇数, 故 τ 为奇置换, 矛盾. 于是不难得到

命题 6.4.9 设 $\sigma\in A_n$, 则没有奇置换与 σ 可换当且仅当 σ 是长度不同的

奇轮换的乘积, 即若 σ 对应的划分为 $(\lambda_1, \lambda_2, \cdots, \lambda_k)$, 则 λ_i 都是互不相同的奇数.

例如, A_4 有两个 3 阶元的共轭类, A_5 有两个 5 阶元的共轭类, 它们对应的划分分别为 $(3,1)$, (5), 因此可以用上述结论来解释.

研究清楚了 A_n 的不可约复表示和共轭类, 对比一下就会发现这二者之间没有明显的一一对应关系.

第 7 章　诱导表示

理论上, 我们可以给出表示理论的完美结果, 尤其是对于低阶群, 特征标理论可以帮我们比较容易地得到所有不可约复表示. 不过对于高阶群, 事情并不简单. 如何构造表示? 如何判断其不可约性? 如何研究其结构特点? 我们利用 Young 图给出了对称群不可约复表示的构造, 对于一般群并没有类似的方法. 一个常用的方法是利用已知的群表示构造其他群的表示, 例如前面讨论过的在子群上的限制表示. 反之, 有了子群的表示, 我们也可以构造大群的表示, 这就是诱导表示.

7.1　诱导表示的等价定义

首先来看一个特殊情况, H 为 G 的 Abel 子群. 对于 G 的任何不可约复表示 (ρ, V), $\operatorname{Res}\rho$ 可以分解为 H 的一维表示的直和. 设 $W \subseteq V$ 为 H 的一维子表示, 考虑 V 的子空间 $V' = \sum\limits_{s\in G} sW$. 容易得到 V' 是 G-不变的, 有 V 不可约可知 $V' = V$. 进一步, 若 $sH = tH$, 则 $sW = tW$. 于是, $V' = \sum\limits_{sH\in G/H} sW$, 且 V' 是 V 的非零子表示. 由 V 的不可约性知 $V = V'$. 从而我们有

引理 7.1.1　*设 H 为 G 的 Abel 子群, 则 G 的不可约复表示的维数不超过 $[G:H] = |G|/|H|$.*

例如, 二面体群 $\mathcal{D}_n = \langle a, b | a^2 = b^n = (ab)^2 = 1\rangle$ 的不可约复表示都是一维的或者二维的. 用现在的观点看, $\mathcal{D}_n$ 有一个指数为 2 的 Abel 正规子群 $\langle b\rangle$, 因此其不可约表示的维数至多是二维的. 特别地, 对于 $\mathcal{D}_n$ 的二维不可约表示 V, 自然有 $V = W \oplus \rho(a)W$.

更一般地, 设 (ρ, V) 为 G 的表示, $(\operatorname{Res}\rho, V)$ 为在子群 H 上的限制表示, $W \subseteq V$ 为 H 的子表示, 记为 (θ, W), 即对任意 $h \in H$, $\theta(h) = \rho(h)|_W$. 于是有

引理 7.1.2 (1) 对任意 $s \in G$, V 的子空间 $\rho(s)W$ 仅依赖陪集 $\bar{s} = sH$, 即若有 $\bar{s} = \bar{t}$, 则 $\rho(s)W = \rho(t)W$;

(2) 记 $W_{\bar{s}} = \rho(s)W$, 则 $\sum\limits_{\bar{s}\in G/H} W_{\bar{s}}$ 为 V 的子表示;

(3) 若 V 不可约, 则 $\sum\limits_{\bar{s}\in G/H} W_{\bar{s}} = V$.

通常, $\sum\limits_{\bar{s}\in G/H} W_{\bar{s}}$ 不是直和, 但也有很多情况是直和, 如 $\mathcal{D}_n$ 的二维不可约复表示的限制和 S_n 的某些表示在 A_n 上的限制等. 我们引入如下定义.

定义 7.1.3 称 (ρ, V) 为 (θ, W) 的**诱导表示**, 如果 $V = \bigoplus\limits_{\bar{s}\in G/H} W_{\bar{s}}$. 记为

$$\rho = \mathrm{Ind}\,_H^G\theta = \mathrm{Ind}\,\theta \quad 或 \quad V = \mathrm{Ind}\,_H^G W = \mathrm{Ind}\, W.$$

一个容易的问题是诱导表示的唯一性.

引理 7.1.4 设 H 是 G 的子群. 若 G 的表示 $(\rho, V), (\rho', V')$ 分别是 H 的表示 $(\theta, W), (\theta', W')$ 的诱导表示, 且 (θ, W) 与 (θ', W') 是同构的, 则 (ρ, V) 与 (ρ', V') 也是同构的.

由于 W 与 W' 之间有可逆的缠结算子, 这个算子可以自然延拓为 V 到 V' 的线性同构, 验证延拓后的线性同构也是缠结算子即可. 具体的细节留给读者. 诱导表示的存在性不是那么明显的, 我们先来看一些常见的诱导表示的例子.

例 7.1.5 (1) 设 H 为 G 的子群, R_G, R_H 分别为 G, H 的左正则表示, 则 $R_G = \mathrm{Ind}\,_H^G R_H$.

(2) 设 ρ 是由 G 在左陪集空间 G/H 上的作用得到的置换表示, 则 $\rho = \mathrm{Ind}\,_H^G\theta_0$. 这里, θ_0 为 H 的一维平凡表示.

利用定义不难得到

引理 7.1.6 $\mathrm{Ind}\,_H^G(\theta_1 \oplus \theta_2) = \mathrm{Ind}\,_H^G\theta_1 \oplus \mathrm{Ind}\,_H^G\theta_2$.

由于 $R_G = \mathrm{Ind}\,_H^G R_H$, 而 R_H 是 H 的不可约表示的直和, 利用上述引理可得 H 的任何不可约表示的诱导表示是存在的; 进一步, H 的表示都是不可约表示的直和, 再次利用上述引理我们有

问题 7.1.7 若 H 是 G 的子群, 则 H 的任何表示的诱导表示是存在的.

不过, 有很多问题从定义中看不清楚, 例如诱导表示的结构到底如何? 是否不可约? 可约的话如何分解? 为此, 我们需要从新的角度来理解诱导表示.

设 $G/H = \{s_1H, s_2H, \cdots, s_mH\}$. 若 $V = \mathrm{Ind}\,_H^G W$, 则有唯一分解

$$v=\sum_{i=1}^{m}\rho(s_i)v_i,\quad \forall v\in V, \tag{7.1}$$

其中, $v_i\in W$. 我们用两种观点来解释右式.

第一种是张量积的观点. 设 W 是域 $\mathbb{F}$ 上的线性空间, 考虑 $\mathbb{F}G\otimes_{\mathbb{F}}W$ 到 V 的映射

$$\mathcal{T}: t\otimes v\mapsto \rho(t)v.$$

容易看出, $\mathcal{T}$ 是线性的, 且是满射. 在 $\mathbb{F}G\otimes_{\mathbb{F}}W$ 上有一个自然的 G 的线性作用:

$$\pi(s)(t\otimes w)=(st)\otimes w.$$

于是有

$$\mathcal{T}(\pi(s)(t\otimes w))=\mathcal{T}((st)\otimes w)=\rho(st)w=\rho(s)(\rho(t)w)=\rho(s)\mathcal{T}(t\otimes w).$$

也就是说

$$\mathcal{T}\in \mathrm{Hom}_G(\mathbb{F}G\otimes_{\mathbb{F}}W,V).$$

由此我们有

命题 7.1.8　作为 G 的表示, $V=\mathrm{Ind}_H^G W\cong \mathbb{F}G\otimes_{\mathbb{F}}W/\mathrm{Ker}\,\mathcal{T}$.

问题是: $\mathrm{Ker}\,\mathcal{T}$ 是什么? 容易看出, 对任意 $s\in G, t\in H, w\in W$,

$$st\otimes w-s\otimes\rho(t)w\in \mathrm{Ker}\,\mathcal{T}.$$

实际上, 我们有

命题 7.1.9　$\mathrm{Ker}\,\mathcal{T}=\mathrm{Span}\{st\otimes w-s\otimes\rho(t)w|s\in G,t\in H,w\in W\}$.

证　设 $G/H=\{s_1H,s_2H,\cdots,s_mH\}$, $w_1,w_2,\cdots,w_k$ 为 W 的一组基, 记

$$X=\{s_i\otimes w_j|1\leqslant i\leqslant m,1\leqslant j\leqslant k\},$$
$$Y=\{s_it\otimes w_j-s_i\otimes\rho(t)w_j|1\leqslant i\leqslant m,1\leqslant j\leqslant k,t\in H\},$$

则 $\mathcal{T}(X)$ 是 V 的一组基. 利用维数关系可得

$$\mathrm{Ker}\,\mathcal{T}\cap\mathrm{Span}\{X\}=\{0\}.$$

再注意到 $X\cup Y$ 是 $\mathbb{F}G\otimes_{\mathbb{F}}W$ 的一组生成元, 而 $Y\subseteq\mathrm{Ker}\,\mathcal{T}$, 故 Y 是 $\mathrm{Ker}\,\mathcal{T}$ 的生

成元. □

记 $\mathbb{F}G\otimes_{\mathbb{F}H}W=\mathbb{F}G\otimes_{\mathbb{F}}W/\mathrm{Ker}\,\mathcal{T}$. 用模的观点看, $\mathbb{F}G$ 是左 $\mathbb{F}G$-模和右 $\mathbb{F}H$-模, 而 W 是左 $\mathbb{F}H$- 模, $\mathbb{F}G\otimes_{\mathbb{F}H}W$ 是模的张量积, 它自然是一个左 $\mathbb{F}G$-模. 利用张量积的观点, 我们很容易得到诱导表示的传递性.

问题 7.1.10 设 $H<K<G$, (θ,W) 为 H 的表示, 则

$$\mathrm{Ind}\,_H^GW=\mathrm{Ind}\,_K^G(\mathrm{Ind}\,_H^KW).$$

如果要把诱导表示推广到连续群, 如 $\mathrm{GL}(n,\mathbb{R})$, 张量积的语言就不太适用了, 需要用函数的观点来看待诱导表示. (7.1) 定义了 G/H 到 W 上的一个函数 $\phi_1(\bar{s}_i)=v_i$. 不过这个定义依赖于 G/H 的代表元的选取. 如果 $G/H=\{t_1H, t_2H,\cdots,t_mH\}$, 其中 $t_i=s_ih_i\in s_iH$, 则与 (7.1) 类似, 对任意 $v\in V$ 有 $v=\sum\limits_{i=1}^{m}\rho(t_i)u_i$. 于是我们又得到了 G/H 到 W 上的一个函数 $\phi_2(\bar{t}_i)=u_i$. 注意到 $\rho(s_i)v_i=\rho(t_i)u_i$, 则有 $\rho(h_i)u_i=\rho(s_i^{-1}t_i)u_i=v_i$, 即

$$\rho(h_i)\phi_2(\bar{t}_i)=\phi_1(\bar{s}_i). \tag{7.2}$$

特别地, 若 $s_i=t_i$, 则 $\phi_2(\bar{s}_i)=\phi_1(\bar{s}_i)$. 这就启发我们考虑函数 $\phi_v:G\to W$, 使得 $\phi_v(s)=\rho(h^{-1})\phi_1(\bar{s}_i)$, 其中 $s=s_ih\in s_iH$. 容易验证, 这个定义是合理的, 即与 G/H 中的代表元选择无关, 并且由 (7.2) 知

$$\varphi_v(sh)=\rho(h^{-1})\varphi_v(s),\quad s\in G,\ h\in H.$$

这样我们就建立了一个映射 $v\mapsto\varphi_v$, 从而将 $\mathrm{Ind}\,_H^GW$ 中的元素都看成 G 到 W 的函数.

这给了我们另一个构造 (θ,W) 的诱导表示的方法. 令

$$V'=\{f:G\to W|f(sh)=\theta(h^{-1})f(s),\forall s\in G,h\in H\}.$$

这是 G 到 W 的所有映射构成的线性空间的子空间. 对任意 $s,t\in G$, $f\in V_2$, 定义

$$(\rho(t)f)(s)=f(t^{-1}s).$$

容易验证

引理 7.1.11 $\rho(t)f\in V'$, 且 (ρ,V') 为 G 的表示, 它是 (θ,W) 的诱导表示.

7.2 诱导表示的特征标

我们来计算诱导表示的特征标. 设 H 是 G 的子群, 且

$$G/H = \{s_1H, s_2H, \cdots, s_mH\}.$$

若 (θ, W) 为 H 的表示, (ρ, V) 为诱导表示, 则

$$V = \bigoplus_{i=1}^{m} W_i,$$

其中 $W_i = \rho(s_i)W$.

由于 $\rho(s)W_i = \rho(ss_i)W$, 若 $ss_i \in s_jH$, 则 $\rho(s)W_i = W_j$. 要计算 $\mathrm{tr}\,(\rho(s))$, 只需考虑 $i = j$ 的情形. 实际上我们有

问题 7.2.1 可以将 $\rho(s)$ 的矩阵适当分块成 (B_{ij}), 其中 $1 \leqslant i, j \leqslant m$, B_{ij} 为 $\dim W$ 阶方阵, 使得 (B_{ij}) 的每一行和每一列都有且仅有一个矩阵非零.

若 $\rho(s)W_i = W_i$, 即有 $s_i^{-1}ss_i \in H$, 不难得到

$$\mathrm{tr}\,(\rho(s)|_{W_i}) = \mathrm{tr}\,(\theta(s_i^{-1}ss_i)).$$

于是我们需要引入诱导函数的定义. 将 H 上的类函数 φ 按如下方式自然延拓到 G 上:

$$\widehat{\varphi}(s) = \begin{cases} \varphi(s), & s \in H, \\ 0, & s \notin H, \end{cases}$$

则定义 G 上函数

$$(\mathrm{Ind}\,\varphi)(s) = \sum_{i=1}^{m} \widehat{\varphi}(s_i^{-1}ss_i) = \frac{1}{|H|}\sum_{t\in G} \widehat{\varphi}(t^{-1}st).$$

最后一个式子的优点是不依赖于陪集代表元的选取, 它成立的原因是对任意 $t_i \in s_iH$ 有

$$\widehat{\varphi}(t_i^{-1}st_i) = \widehat{\varphi}(s_i^{-1}s_i).$$

不难验证 $\mathrm{Ind}\,\varphi$ 是 G 上的类函数, 称为 φ 的**诱导函数**. 于是由前面的讨论得到

命题 7.2.2 设 H 的表示 (θ, W) 的特征标为 χ_θ, $\rho = \mathrm{Ind}\,\theta$, 则

$$\chi_{\mathrm{Ind}\,\theta} = \mathrm{Ind}\,\chi_\theta.$$

有了特征标, 我们就可以看看诱导表示的结构了.

定理 7.2.3 (Frobenius 互反律) 设 φ, χ 分别为 H, G 上的类函数, 则

$$(\mathrm{Ind}\,\varphi, \chi)_G = (\varphi, \mathrm{Res}\,\chi)_H.$$

证 利用内积的定义有

$$\begin{aligned}
(\mathrm{Ind}\,\varphi, \chi)_G &= \frac{1}{|G|}\sum_{s\in G}(\mathrm{Ind}\,\varphi)(s)\overline{\chi(s)} \\
&= \frac{1}{|G|}\sum_{s\in G}\left(\frac{1}{|H|}\sum_{t\in G}\widehat{\varphi}(t^{-1}st)\right)\chi(s^{-1}) \\
&= \frac{1}{|G||H|}\sum_{s\in G}\sum_{t\in G}\widehat{\varphi}(t^{-1}st)\chi(t^{-1}s^{-1}t) \\
&= \frac{1}{|H|}\sum_{s\in G}\widehat{\varphi}(s)\chi(s^{-1}) \\
&= \frac{1}{|H|}\sum_{s\in H}\varphi(s)\overline{\chi(s)} \\
&= (\varphi, \mathrm{Res}\,\chi)_H.
\end{aligned}$$

□

Frobenius 互反律可以用缠结算子来叙述.

定理 7.2.4 设 $H < G$, (θ, W), (ρ, V) 分别为 H, G 的不可约表示, 则 (ρ, V) 在 $\mathrm{Ind}\,\theta$ 中出现的重数等于 θ 在 $\mathrm{Res}\,\rho$ 中出现的重数. 用缠结算子来表示即有自然的线性空间同构

$$\mathrm{Hom}_G(\mathrm{Ind}\,W, V) \cong \mathrm{Hom}_H(W, \mathrm{Res}\,V).$$

我们也可以直接构造这个线性同构. 设 1 是 G 的幺元, 考虑映射

$$\mathcal{T} : W \to \mathrm{Ind}\,W, \quad \mathcal{T}(w) = 1 \otimes w.$$

这是一个单射, 且对任意 $h \in H$ 有

$$\mathcal{T}(\theta(h)w) = 1 \otimes \theta(h)w = h \otimes w = \rho(h)(1 \otimes w).$$

于是有映射

$$\mathrm{Hom}_G(\mathrm{Ind}\,W, V) \to \mathrm{Hom}_H(W, \mathrm{Res}\,V), \quad f \mapsto f \circ \mathcal{T}.$$

再验证这个映射是线性同构即可.

从这个结论可以看出, 考虑 G 的所有不可约表示在 H 上的限制, 其分解的不可约分量就给出了 H 的所有不可约表示; 反之, 若将 H 的不可约表示都进行诱导, 从诱导表示的分解也能得到 G 的所有不可约表示. 不过, 这里涉及表示的分解一般来说是非常困难的. 其中一个特殊情形是: 诱导表示在什么情况下是不可约的?

例 7.2.5 记号同命题 6.4.7. 当 $[G:H]=2$ 时, 任意 $\rho\in\widehat{G}_2$ 都是某个 $\theta\in\widehat{H}_2$ 诱导得到的; 若 $\theta\in\widehat{H}_1$, 则利用 Frobenius 互反律可得 $\operatorname{Ind}_H^G\theta=\rho_1+\rho_2$, 其中 ρ_1,ρ_2 不同构, 但是 $\rho_1=\rho_2\otimes\operatorname{sgn}$.

更一般地, 若 (θ,W) 为 H 的不可约表示, 其诱导表示为 (ρ,V), 特征标分别为 φ,χ, 且 $\chi=\operatorname{Ind}\varphi$. 利用 Frobenius 互反律有

$$(\chi,\chi)_G=(\operatorname{Ind}\varphi,\chi)_G=(\varphi,\operatorname{Res}\chi)_H.$$

于是, ρ 是不可约表示当且仅当 θ 在 $\operatorname{Res}\rho$ 中只出现一重. 问题的关键是 $\operatorname{Res}\rho$ 或 $\operatorname{Res}\chi$ 的分解. 设 $G/H=\{s_1H,s_2H,\cdots,s_mH\}$, 则 $V=\bigoplus\limits_{i=1}^{m}s_iW$. 由于 s_iW 不一定是 H 的子表示, 我们考虑 $\sum\limits_{h\in H}hs_iW$, 这自然是 H 的子表示. 这里涉及双陪集空间 Hs_iH, 也就是考虑 $H\times H$ 在 G 上的作用

$$(h_1,h_2)\cdot s=h_1sh_2^{-1},\quad h_1,h_2\in H,\ s\in G,$$

其中 $s\in G$ 的轨道就是双陪集 $HsH=\{h_1sh_2^{-1}|h_1,h_2\in H\}$ (每个双陪集实际上就是 H 的一些左陪集的并). 从而 G 是两两不交的双陪集的并, 设为

$$Ht_1H,Ht_2H,\cdots,Ht_rH.$$

对任意 $t\in G$, 令 $V_t=\sum\limits_{x\in HtH}xW$, 则有

引理 7.2.6 作为 H 的表示, $\operatorname{Res}V=\bigoplus\limits_{i=1}^{r}V_{t_i}$.

我们关心的是 H 的表示 W 在 V 中出现的重数, 自然需要研究 V_t 的结构. 考虑集合 $\{htW|h\in H\}$, H 在其上有自然的可递作用, 且 tW 的迷向子群为 $H_t=tHt^{-1}\cap H$. 注意到 V 是 W 的诱导表示, 我们有

引理 7.2.7 $V_t=\bigoplus\limits_{sH_t\in H/H_t}s(tW)$, 即 $V_t=\operatorname{Ind}_{H_t}^{H}tW$.

H_t 在 tW 上的表示就是 $\operatorname{Res}_{H_t}^{G}\rho$ 的子表示, 它等价于

$$\theta_t : H_t \to \mathrm{GL}(W), \quad \theta_t(x) = \theta(t^{-1}xt).$$

为了区别, 我们把后者记为 (θ_t, W_t), 其中 W_t 即为 W. 于是有 $V_t = \mathrm{Ind}\,_{H_t}^{H} W_t$.

利用 Frobenius 互反律可得

$$\mathrm{Hom}\,_H(\mathrm{Ind}\,_{H_t}^{H} W_t, W) = \mathrm{Hom}\,_{H_t}(W_t, \mathrm{Res}\,_{H_t}^{H} W).$$

需要注意的是, 这里涉及 H_t 的两个表示 (θ_t, W_t) 和 $(\mathrm{Res}\,_{H_t}^{H}\theta, W)$ 的表示空间一样, 但作用方式不同. 于是我们得到了 **Mackey 不可约性定理**.

定理 7.2.8 设 (θ, W) 是 H 的不可约表示, 则 $\mathrm{Ind}\, W$ 是 G 的不可约表示当且仅当对任意 $t \notin H$, $\mathrm{Hom}\,_{H_t}(\rho_t, \mathrm{Res}\,_{H_t}^{H}\theta) = \{0\}$, 即 θ_t 与 $\mathrm{Res}\,_{H_t}^{H}\theta$ 没有同构的非零子表示.

特别地, 如果 H 是 G 的正规子群, 则 $H_t = H$, θ_t 是 θ 的共轭表示: $\theta_t(x) = \theta(t^{-1}xt)$. 于是有

推论 7.2.9 设 H 是 G 的正规子群, (θ, W) 是 H 的不可约表示, 则 $\mathrm{Ind}\, W$ 是 G 的不可约表示当且仅当对任意 $t \notin H$, θ_t 与 θ 不同构.

这又可以用来解释 A_n 与 S_n 的表示的关系.

关于诱导表示还有很多值得探讨的问题. 一般情况下, 诱导表示不是不可约的, 不过, Frobenius 互反律告诉我们, 群 G 的每一个不可约表示都出现在某个真子群 H 的不可约表示的诱导表示中. 注意到 G 的特征标的全体在函数的加法和乘法下都是封闭的 (为什么?), 于是有

引理 7.2.10 设 G 的所有不可约特征标为 $\chi_1, \chi_2, \cdots, \chi_h$, 令

$$X = \{m_1\chi_1 + m_2\chi_2 + \cdots + m_h\chi_h | m_i \in \mathbb{Z}\},$$

则 X 是一个环, 也是一个 $\mathbb{Z}$ 自由模.

于是产生了一个问题:

思考题 7.2.11 是否存在一些真子群的诱导特征标构成 X 的一组基?

与特征标对应, 我们考虑 G 的所有有限维表示的全体, 表示的加法和张量积构成了这个集合中的加法和乘法. 与 X 对应的是由不可约表示自由生成的 $\mathbb{Z}$-模:

$$\{m_1\rho_1 + m_2\rho_2 + \cdots + m_h\rho_h | m_i \in \mathbb{Z}\}.$$

这就是表示的 Grothendieck 群.

第 8 章　一般数域上的表示

特征标理论完美地解决有限群的不可约复表示的分类. 对于一般域上的表示, 特征标的使用会受到一些制约, 例如实数域上的不可约特征标的长度不一定是 1. 这就需要我们结合域的结构特点进行更细致的研究. 本章首先考虑实表示, 引入复化和实形式等概念, 这是研究复数域与实数域上问题的常用方法. 这样就可以引入实特征标和 Frobenius-Schur 指标等概念彻底解决实不可约表示的分类问题. 然后我们简单讨论一般域上的表示问题, 引入绝对不可约表示和分裂域的概念, 介绍部分有理群和有理表示群的结果.

8.1 实 表 示

我们知道, 有限群 G 的特征零的有限维表示都是完全可约的. 特别地, G 的实表示的分类可以归结为不可约表示的分类. 由于实数域不是代数闭域, 对一般不可约实表示 (ρ_0, V_0), $\mathrm{Hom}_G(V_0, V_0)$ 是 $\mathbb{R}$ 上的体, 不一定是 $\mathbb{R}$, 还可能是 $\mathbb{C}$ 或 $\mathbb{H}$ (参见例 3.1.7). 因此, 实表示分类的研究要复杂一些. 实际上, 代数学中经常会遇到同样的问题, 如矩阵相似下的标准形问题, 在复数域上就可以得到 Jordan 标准形, 而在实数域上处理类似问题的难度要大一些.

8.1.1 实形式与复化

鉴于在复数域 (更一般地, 代数闭域) 上处理问题相对容易, 我们在考虑实线性空间上的问题时, 通常可以借助复线性空间的结果. 有两种观点处理这样的问题: 一种是将 n 维复线性空间看作实线性空间, 其维数自然是 $2n$; 另一种是将 n 维实线性空间自然嵌入到一个 n 维复线性空间中, 即所谓的复化. 我们很快会发现, 这两种想法是相辅相成的.

具体而言, 设 V 为复线性空间, $e_1, e_2, \cdots, e_n$ 为 V 的一组基, 则我们有

问题 8.1.1 V 可以自然地看成一个实线性空间, 记为 $V_{\mathbb{R}}$, 其维数为 $2n$, 一组基为

$$e_1, e_2, \cdots, e_n, \sqrt{-1}e_1, \sqrt{-1}e_2, \cdots, \sqrt{-1}e_n.$$

考虑 $V_{\mathbb{R}}$ 的两个子空间:

$$V_0 = \{b_1\alpha_1 + b_2\alpha_2 + \cdots + b_n\alpha_n | b_i \in \mathbb{R}, i = 1, 2, \cdots, n\},$$
$$\sqrt{-1}V_0 = \{\sqrt{-1}v | v \in V_0\},$$

则作为实线性空间有 $V_{\mathbb{R}} = V_0 \oplus \sqrt{-1}V_0$. 我们称 V_0 为 V 的**实形式**.

当然, 上述分解与基的选取有关, 也就是说实形式并不是唯一的, 选择另一组基就可能得到不同实形式. 我们换一个观点来描述. 考虑 $V = V_0 \oplus \sqrt{-1}V_0$ 上的变换

$$\tau(\alpha + \sqrt{-1}\beta) = \alpha - \sqrt{-1}\beta, \quad \alpha, \beta \in V_0.$$

它类似于复数的共轭. 容易看出, $\tau^2 = \mathrm{id}$, 称为**对合**. 需要注意的是

思考题 8.1.2 对任意 $k \in \mathbb{C}$, $\alpha \in V$, $\tau(k\alpha) = \overline{k}\tau(\alpha)$, 即 τ 是实线性变换但不是复线性的.

更一般地, 我们称复线性空间 V 上的对合 τ 为一个**共轭**, 如果对任意 $\alpha, \beta \in V$, $k \in \mathbb{C}$ 有

$$\tau(\alpha + \beta) = \tau(\alpha) + \tau(\beta); \quad \tau(k\alpha) = \overline{k}\tau(\alpha).$$

于是, $V_0 = \{\alpha \in V | \tau(\alpha) = \alpha\}$ 是 V 的一个实形式. 从而有

引理 8.1.3 复线性空间 V 的实形式与其上的共轭一一对应.

从 $V_{\mathbb{R}} = V_0 \oplus \sqrt{-1}V_0$ 的角度看, 它是一个实线性空间, $\sqrt{-1}$ 定义了其上的一个变换:

$$\mathcal{J}(v) = \sqrt{-1}v, \quad v \in V_{\mathbb{R}}.$$

自然有 $\mathcal{J} \in \mathrm{End}\,(V_{\mathbb{R}})$, 且 $\mathcal{J}^2 = -\mathrm{id}$. 我们称 $\mathcal{J}$ 为 $V_{\mathbb{R}}$ 上的**复结构**. 一个实线性空间 $V_{\mathbb{R}}$ 如果具有复结构 $\mathcal{J}$, 则其上可以自然定义复数的数乘:

$$(a + b\sqrt{-1})v = av + b\mathcal{J}(v), \quad a, b \in \mathbb{R}, \quad v \in V_{\mathbb{R}}.$$

从而, $V_{\mathbb{R}}$ 可以看成一个复线性空间. 不过具有复结构的实线性空间必须是偶数维的 (为什么?).

从一般实线性空间出发, 我们也能得到复线性空间. 设 V_0 为实线性空间, $e_1, e_2, \cdots, e_n$ 为其一组基. 我们考虑这组基生成的复线性空间

$$V_0{}^{\mathbb{C}} = \{c_1e_1 + c_2e_2 + \cdots + c_ne_n | c_i \in \mathbb{C}, i = 1, 2, \cdots, n\},$$

且要求 $e_1, e_2, \cdots, e_n$ 是线性无关的. 这样理解并没有问题, 不过有一点生硬, 有时也容易混淆: 例如 $V_0 = \mathbb{C}$. 更好的方式是借用张量积的概念. 将 $\mathbb{C}$ 看作二维实线性空间, 记 $V_0{}^{\mathbb{C}} = \mathbb{C} \otimes V_0$. 自然 $V_0{}^{\mathbb{C}}$ 是一个 $2n$ 维实线性空间, 其一组基为

$$1 \otimes e_1, 1 \otimes e_2, \cdots, 1 \otimes e_n, \sqrt{-1} \otimes e_1, \sqrt{-1} \otimes e_2, \cdots, \sqrt{-1} \otimes e_n.$$

此时, $V_0{}^{\mathbb{C}}$ 上有一个自然的复线性空间结构, 其中的数乘定义为

$$c(\alpha \otimes \beta) = (c\alpha) \otimes \beta, \quad \forall c \in \mathbb{C},\ \alpha \otimes \beta \in V.$$

作为复线性空间, $\dim V = n$, $1 \otimes e_1, 1 \otimes e_2, \cdots, 1 \otimes e_n$ 为其一组基. 我们称 $V_0{}^{\mathbb{C}}$ 为 V_0 的**复化**, V_0 自然为 V 的实形式.

这样就构成了一个 (良性的?) 循环: 从复线性空间 V 出发得到实线性空间 $V_{\mathbb{R}}$, 从而有实子空间 V_0, 而 V_0 的复化 $V_0^{\mathbb{C}}$ 与 V 自然是同构的复线性空间. 对初学者而言, 可能会有一点容易迷惑: 将复线性空间 V 看成实线性空间 $V_{\mathbb{R}}$, $V_{\mathbb{R}}$ 的复化是什么? 自然不是 V, 而是一个维数是 $2\dim V$ 的复线性空间. 需要注意的是, 不要把原空间的数乘与复化的数乘混淆.

问题 8.1.4 把复数域看成实线性空间, 其复化是什么?

8.1.2 复表示的实形式

我们把上述想法应用到实表示的研究中. 设 (ρ, V) 为 G 的不可约复表示, 将 V 看成实线性空间 $V_{\mathbb{R}}$, 则得到 G 的一个实表示, 记为 $(\rho_{\mathbb{R}}, V_{\mathbb{R}})$. 问题是 $(\rho_{\mathbb{R}}, V_{\mathbb{R}})$ 是否可约?

如果可约, 设 V_0 是 $V_{\mathbb{R}}$ 的不可约子表示, 则容易看出 $\sqrt{-1}V_0$ 也是 $V_{\mathbb{R}}$ 的子表示, 从而 $V_0 + \sqrt{-1}V_0$ 和 $V_0 \cap \sqrt{-1}V_0$ 都是 $\rho(G)$ 的不变子空间. 不过需要注意的是, $V_0 + \sqrt{-1}V_0$ 和 $V_0 \cap \sqrt{-1}V_0$ 都是复线性空间, 从而是复表示 (ρ, V) 的子表示. 由 (ρ, V) 不可约可得

$$V_0 \oplus \sqrt{-1}V_0 = V,$$

即 V_0 为 V 的实形式. 我们称实表示 (ρ_0, V_0) 为复表示 (ρ, V) 的**实形式**.

用矩阵来写或许更清晰一点. 设 $e_1, e_2, \cdots, e_n$ 为 V 的一组基, 对任意 $s \in G$, $\rho(s)$ 的矩阵为 $B + \sqrt{-1}C \in \mathbb{C}^{n\times n}$, 其中, $B, C \in \mathbb{R}^{n\times n}$. 由于 $V_{\mathbb{R}}$ 的一组基为

$$e_1, e_2, \cdots, e_n, \sqrt{-1}e_1, \sqrt{-1}e_2, \cdots, \sqrt{-1}e_n,$$

故 $\rho_0(s)$ 的矩阵为

$$A = \begin{pmatrix} B & -C \\ C & B \end{pmatrix}.$$

注意到 $V_{\mathbb{R}}$ 有复结构 $\mathcal{J}$, 而 $\mathcal{J}$ 的矩阵为

$$J = \begin{pmatrix} 0 & -I_n \\ I_n & 0 \end{pmatrix}.$$

不难看出 $AJ = JA$. 更一般地有

问题 8.1.5 试求所有的 $A \in \mathbb{R}^{2n\times 2n}$ 满足 $AJ = JA$.

如果 V 的基 $e_1, e_2, \cdots, e_n$ 恰好是实形式 V_0 的一组基, 则 $\rho(s)$ 的矩阵 B 就是一个实矩阵, 而 $\rho_0(s)$ 的矩阵为 $\mathrm{diag}\,(B, B)$. 反之, 如果存在一组基 $e_1, e_2, \cdots, e_n$ 使得 $\rho(s)$ 的矩阵都是实矩阵, 令

$$V_0 = \{a_1e_1 + a_2e_2 + \cdots + a_ne_n | a_i \in \mathbb{R}\},$$

则有 (ρ_0, V_0) 是 (ρ, V) 的实形式.

总结一下有

引理 8.1.6 设 (ρ, V) 为 G 的不可约复表示, 则 $(\rho_{\mathbb{R}}, V_{\mathbb{R}})$ 或为 G 的不可约实表示, 或为两个同构的不可约子表示的直和.

自然我们有如下问题:

问题 8.1.7 所有的不可约实表示是否都是这样得到的呢?

这需要从实表示出发考虑问题.

8.1.3 实表示的复化

设 (ρ_0, V_0) 是 G 的不可约实表示, $V = \mathbb{C} \otimes V_0$ 为 V_0 的复化. 此时

$$V = V_0 \oplus \sqrt{-1}V_0 = \{u + \sqrt{-1}v | u, v \in V_0\}.$$

实际上, V_0 的任何一组基可以自然地看作 V 的一组基. 于是对任意 $s \in G$, $\rho_0(s)$ 自然可以看作 V 上的复线性变换, 记为 $\rho(s)$. 容易验证 (ρ, V) 是 G 的复表示, 称

为 (ρ_0, V_0) 的**复化**, (ρ_0, V_0) 自然是 (ρ, V) 的实形式. 这个表示是不可约的吗? 如果可约, 如何分解为不可约表示的直和?

我们先来看一个例子吧. 在例 3.1.7 中, 我们计算了三个不同表示的缠结算子, 分别得到了实数域上的三个不同的体. 现在可以考虑一下它们的复化.

例 8.1.8 (1) 设 $V_0=\mathbb{R}$ 为 $G=\{\pm 1\}$ 的自然的一维实表示, 则 $\mathrm{Hom}_G(V,V)\cong\mathbb{R}$. V_0 的复化是一维的, 自然是不可约的.

(2) 将 $V_0 = \mathbb{C}$ 看作二维实线性空间, 则 $G = \{\pm 1, \pm\sqrt{-1}\}$ 在 V_0 上的自然表示是不可约的实表示, $\mathrm{Hom}_G(V_0, V_0) \cong \mathbb{C}$. 此时, V_0 的复化是两个一维表示 $(\rho_1, V_1), (\rho_2, V_2)$ 的直和, 其中

$$\rho_1(\sqrt{-1}) = \sqrt{-1}, \quad \rho_2(\sqrt{-1}) = -\sqrt{-1}.$$

因此, ρ_1 与 ρ_2 不同构, 但是互为对偶.

(3) 考虑 $G = Q_8 = \{\pm\mathbf{1}, \pm\boldsymbol{i}, \pm\boldsymbol{j}, \pm\boldsymbol{k}\}$ 在四元数体 $V_0 = \mathbb{H}$ 上的自然表示, 此时,

$$\mathrm{Hom}_G(V_0, V_0) \cong \mathbb{H}.$$

此表示的复化是四维的, 而 G 的不可约表示有四个一维的和一个二维的, 因此, 不难得到 $V_0^{\mathbb{C}}$ 是两个同构的不可约复表示的直和.

这个例子可以推广到一般情形.

引理 8.1.9 设 (ρ_0, V_0) 为 G 的不可约实表示, (ρ, V) 为其复化, τ 为 V 相对于 V_0 的共轭. 若 V_1 为 V 的不可约子表示, 则 $\overline{V}_1 = \tau(V_1)$ 也是不可约的, 且 $\chi_{\overline{V}_1} = \overline{\chi}_{V_1}$, 即 $\overline{V}_1$ 是 V_1 的对偶表示.

证 首先注意到对任意 $s \in G$, $\rho(s)\tau = \tau\rho(s)$. 由此不难得到 $\tau(V_1)$ 是不可约子表示. 进一步, 若 $e_1, e_2, \cdots, e_m$ 是 V_1 的一组基, 则 $\overline{e}_i = \tau(e_i)$ $(i = 1, 2, \cdots, m)$ 是 $\overline{V}_1$ 的一组基. 由于 τ 是共轭, 不难得到 $\rho(s)|_{V_1}$ 与 $\rho(s)|_{\overline{V}_1}$ 在这两组基下的矩阵是互为共轭的, 从而 $\chi_{\overline{V}_1} = \overline{\chi}_{V_1}$. 从特征标也很容易得到 $\overline{V}_1$ 是不可约的. □

现在我们可以考察不可约实表示 (ρ_0, V_0) 的复化 (ρ, V) 的不可约性.

引理 8.1.10 若 (ρ, V) 是可约的, V_1 是其不可约子表示, 则 $V_1 \cap \overline{V}_1 = \{0\}$, 且 $V = V_1 \oplus \overline{V}_1$.

证 由于 V_1 的不可约性, 则 $V_1 \cap \overline{V}_1 = \{0\}$ 或 V_1. 若为后者, 则 $V_1 = \overline{V}_1$, 即 V_1 是 τ 不变的, 从而 τ 是 V_1 上的共轭. 于是

$$W = \{\alpha \in V_1 | \tau(\alpha) = \alpha\}$$

是 V_1 的实形式, 自然是 V_0 的非零真子表示. 这与 V_0 的不可约性矛盾.

进一步, τ 是 $V_1\oplus\overline{V}_1$ 上的共轭. 同样, τ 对应的实形式是 V_0 的子表示, 只能是 V_0. 从而 $V_1\oplus\overline{V}_1$ 是 V_0 的复化. □

将上述结论用特征标来表达就得到了如下的 **Frobenius-Schur** 定理.

定理 8.1.11 设 (ρ_0,V_0) 是 G 的不可约实表示, 其特征标为 χ_0, (ρ,V) 为其复化, τ 为共轭, 则

$$(\chi_0,\chi_0)=\sum_{s\in G}\chi_0(s)\chi_0(s^{-1})=1,2\ \text{或}\ 4.$$

(1) 若 $(\chi_0,\chi_0)=1$, 则 (ρ,V) 为不可约复表示;

(2) 若 $(\chi_0,\chi_0)=2$, 则 $V=W\oplus W^*$, 其中 W,W^* 都是不可约复表示, 且 $W\not\cong W^*$;

(3) 若 $(\chi_0,\chi_0)=4$, 则 $V=W\oplus W$, 其中 W 为自对偶的不可约复表示.

对于复表示 (ρ,V), 如果能将其分解为不可约表示的直和, 则其缠结算子 $\mathrm{Hom}_G(V,V)$ 是容易计算的; 而对于实表示 (ρ_0,V_0), $\mathrm{Hom}_G(V_0,V_0)$ 就比较复杂, 即使 (ρ_0,V_0) 是不可约的, $\mathrm{Hom}_G(V_0,V_0)$ 也有三种可能, 不太容易确定是哪一种. 不过, 实表示 (ρ_0,V_0) 与其复化 (ρ,V) 的缠结算子有天然的联系.

命题 8.1.12 设 (ρ,V) 为 (ρ_0,V_0) 的复化, 则 $\mathrm{Hom}_G(V,V)$ 也是 $\mathrm{Hom}_G(V_0,V_0)$ 的复化, 自然有

$$\dim_{\mathbb{C}}\mathrm{Hom}_G(V,V)=\dim_{\mathbb{R}}\mathrm{Hom}_G(V_0,V_0).$$

特别地, 若 $\mathrm{Hom}_G(V_0,V_0)=\mathbb{H}$, 则其复化为 $\mathbb{C}^{2\times 2}$.

证 从矩阵角度来看更容易一点. 设 $e_1,e_2,\cdots,e_n$ 为 V_0 的一组基, 自然也是 V 的一组基. 对任意 $s\in G$, $\rho_0(s)$ 和 $\rho(s)$ 在该组基下的矩阵是一样的, 设为 $A_s\in\mathbb{R}^{n\times n}$. 设 $\mathcal{T}\in\mathrm{Hom}(V,V)$ 在该组基下的矩阵为 $T=T_1+\sqrt{-1}T_2$, $T_1,T_2\in\mathbb{R}^{n\times n}$, 则 $\mathcal{T}\in\mathrm{Hom}_G(V,V)$ 当且仅当 $A_sT=TA_s$, $s\in G$, 当且仅当

$$A_sT_1=T_1A_s,\quad A_sT_2=T_2A_s,$$

当且仅当 $\mathcal{T}_1,\mathcal{T}_2\in\mathrm{Hom}_G(V_0,V_0)$, 其中 $\mathcal{T}_1,\mathcal{T}_2$ 分别是 T_1,T_2 对应的 V_0 的线性变换. □

于是我们有

命题 8.1.13 设 (ρ_0, V_0) 为 G 的是不可约表示, 其特征标为 χ_0.

(1) $(\chi_0, \chi_0) = 1$ 当且仅当 $\mathrm{Hom}_G(V_0, V_0) = \mathbb{R}$;

(2) $(\chi_0, \chi_0) = 2$ 当且仅当 $\mathrm{Hom}_G(V_0, V_0) = \mathbb{C}$;

(3) $(\chi_0, \chi_0) = 4$ 当且仅当 $\mathrm{Hom}_G(V_0, V_0) = \mathbb{H}$.

记 $\mathbb{K} = \mathrm{Hom}_G(V_0, V_0)$, 则对任意 $k \in \mathbb{K}$, $\alpha \in V_0$, $k\alpha$ 自然可以定义, 从而有

命题 8.1.14 设 (ρ_0, V_0) 为 G 的不可约实表示, 其特征标为 χ_0, 则实线性空间 V_0 可以自然地看成 $\mathbb{K}$ 上的线性空间. 当 $\mathbb{K} = \mathbb{C}$ 时, $\dim V_0$ 为偶数; 当 $\mathbb{K} = \mathbb{H}$ 时, $4|\dim V_0$. 也就是说

$$(\chi_0, \chi_0)|\dim V_0.$$

当 $\mathbb{K} = \mathbb{C}$ 时, V_0 是一个复线性空间, (ρ_0, V_0) 是一个复表示, 自然是不可约的. 当 $\mathbb{K} = \mathbb{H}$ 时, 注意到 $\mathbb{C} \subset \mathbb{H}$, 故 V_0 也可以看成复线性空间, 从而 (ρ_0, V_0) 也是一个不可约复表示. 于是我们有

问题 8.1.15 设 (ρ_0, V_0) 为 G 的不可约实表示, 其特征标为 χ_0.

(1) $(\chi_0, \chi_0) = 1$ 当且仅当 (ρ_0, V_0) 是某个不可约复表示的实形式;

(2) $(\chi_0, \chi_0) \neq 1$ 当且仅当 (ρ_0, V_0) 具有复结构, 即它是将某个不可约复表示看成了实表示.

由此我们得到 G 的不可约实表示都是从不可约复表示得到的, 从而回答了问题 8.1.7. 不过, 这又产生了新的问题:

问题 8.1.16 设 (ρ, V) 为 G 的不可约复表示.

(1) 什么情况下 (ρ, V) 有实形式?

(2) 什么情况下 $(\rho_{\mathbb{R}}, V_{\mathbb{R}})$ 是实不可约的? $\mathrm{Hom}_G(V_{\mathbb{R}}, V_{\mathbb{R}})$ 是什么?

8.1.4 实特征标

研究不可约复表示的主要工具自然是特征标. 如果 (ρ, V) 有实形式, 其特征标的取值自然都是实数, 这样的特征标称为**实特征标**. 群 G 是否有非平凡的不可约实特征标?

设 (ρ, V) 为 G 的不可约复表示. 注意到 $\chi(s^{-1}) = \overline{\chi}(s)$, 这里有两个重要的信息: $s \mapsto s^{-1}$ 是共轭类之间的置换 (取逆置换), $\chi \mapsto \overline{\chi}$ 是不可约复特征标之间的置换. 我们考虑特征标矩阵 $X = (x_{ij})$, 其中 $x_{ij} = \chi_i(s_j)$, s_j 是共轭类 C_j 中的代表元. 于是, $\overline{X}$ 既可以互换 X 的某些行得到, 也可以互换 X 的某些列得到, 即存在置换矩阵 P, Q 使得

$$PX = \overline{X} = XQ.$$

由 X 的列向量是正交的可得 X 可逆, 故 $Q = X^{-1}PX$, 因此 $\operatorname{tr}(P) = \operatorname{tr}(Q)$. $\operatorname{tr}(P)$ 自然是不可约实特征标的个数, 而 $\operatorname{tr}(Q)$ 是在取逆置换的作用下不变的共轭类, 这样的共轭类中的元素 s 都与 s^{-1} 共轭, 称其为**实共轭类**. 总之我们有

命题 8.1.17 G 的不可约实特征标的个数等于 G 的实共轭类的个数.

平凡特征标自然是实值的, 与之对应的是平凡共轭类, 即只含幺元一个元素的共轭类 $\{1\}$. 如果 G 是偶数阶群, 则 G 中存在二阶元, 于是有非平凡的实共轭类, 从而有不可约实特征标. 这就引出了如下的 Burnside 的著名结论, 而它自然会让我们联想到 Burnside 猜想: 奇数阶群都是可解群.

命题 8.1.18 设 G 是奇数阶群, 则 G 没有非平凡不可约实特征标.

证 只需证明 G 中非幺元 s 都不与 s^{-1} 共轭. 反之, 若 $gsg^{-1} = s^{-1}$, 则 $g^2sg^{-1} = s$, 即 $g^2 \in C_G(s)$. 注意到 g 的阶是奇数 $2n-1$, 则 $g = g^{2n} \in C_G(s)$, 即 $gsg^{-1} = s$, 从而 $s = s^{-1}$, 故 s 为二阶元, 矛盾! □

如果 G 是偶数阶群, 自然有非平凡不可约实特征标. 进一步有

命题 8.1.19 群 G 的每一个不可约复特征标都是实值的当且仅当 G 的每个共轭类都是实的, 也就是说, G 中任何元 s 都与 s^{-1} 共轭.

很容易看出 S_n 的共轭类都是实的, 自然特征标都是实的, 实际上我们很快会知道 S_n 的特征标的取值都是整数! 而对于交错群, 我们计算过 A_3, A_4 的特征标, 它们都有非实值特征标, 从共轭类的角度也很容易看出来.

思考题 8.1.20 A_n 的共轭类都是实的当且仅当 $n = 1, 2, 5, 6, 10, 14$.

8.1.5 不变双线性函数

复不可约表示的特征标是实值的并不能保证实形式的存在, 但至少能告诉我们 $(\rho, V) \cong (\rho, V^*)$. 于是, 利用 Schur 引理可得 $\operatorname{Hom}_G(V, V^*) \cong \mathbb{C}$. 进一步, 作为 G 的表示有

$$\operatorname{Hom}(V, V^*) \cong V^* \otimes V^*,$$

即 $\operatorname{Hom}_G(V, V^*) \cong (V^* \otimes V^*)^G$.

对任意 $f \otimes g \in V^* \otimes V^*$, 定义

$$B(\alpha, \beta) = f(\alpha)g(\beta),$$

这就得到了 $V^* \otimes V^*$ 与 V 上的双线性函数的全体 $\mathbb{B}$ 的线性同构. 进一步我们可以定义 G 在 $\mathbb{B}$ 上的线性作用为

$$(s \cdot B)(\alpha, \beta) = B(\rho(s^{-1})\alpha, \rho(s^{-1})\beta),$$

其中 $B \in \mathbb{B}$, $\alpha, \beta \in V$, 这就得到了 $V^* \otimes V^*$ 与 $\mathbb{B}$ 作为 G 的表示是等价的.

引理 8.1.21 设 (ρ, V) 为 G 的不可约复表示, 其特征标为 χ.

(1) V 上任何非零的 G-不变双线性函数是非退化的;

(2) 在相差一个常数的意义下, V 上的 G-不变双线性函数是唯一的;

(3) V 上存在非零的 G-不变双线性函数当且仅当 χ 为实特征标;

(4) V 上 G-不变双线性函数一定是对称或反对称的.

证 (1) 注意到对于任何非零的 G-不变双线性函数 B,

$$\mathrm{rad}(B) = \{\alpha \in V | B(\alpha, \beta) = 0, \forall \beta \in V\}$$

是 V 的真子模, 且 V 是不可约的, 自然有 $\mathrm{rad}(B) = \{0\}$, 即 B 是非退化的.

(2) 和 (3) 已经证明了. 不过对于 (2), 还有其他的思路: 若 B_1, B_2 是 V 上两个非零的 G-不变双线性函数, 则对任意 $t \in \mathbb{C}$, $B_1 - tB_2$ 也是 G-不变双线性函数. 必然存在 t_0 使得 $B_1 - t_0B_2$ 是退化的, 从而 $B_1 - t_0B_2 = 0$. 另一个想法是: 由于 B_1, B_2 非退化, 在它们定义了两个同构映射

$$\varphi_1 : V \to V^*, \quad \varphi_2 : V \to V^*,$$

其中, $\varphi_1(\alpha) = B_1(\alpha, \cdot)$, $\varphi_2(\alpha) = B_2(\alpha, \cdot)$. 这里, G-不变性保证了 φ_1, φ_2 都是缠结算子, 从而有

$$\varphi_2^{-1} \circ \varphi_1 \in \mathrm{Hom}_G(V, V) \cong \mathbb{C}.$$

由此可得 $\varphi_1 = c\varphi_2$, 故 $B_1 = cB_2$.

(4) 第一种思路是利用双线性函数的全体是对称与反对称双线性函数的全体的直和即可.

第二种思路是设 B 是非零的 G-不变双线性函数, 令

$$B'(\alpha, \beta) = B(\beta, \alpha),$$

则容易验证 B' 也是 G-不变的. 由 (1) 可知存在非零 $c \in \mathbb{C}$ 使得

$$B'(\alpha, \beta) = cB(\alpha, \beta).$$

于是

$$B(\beta,\alpha)=cB(\alpha,\beta)=cB'(\beta,\alpha)=c^2B(\beta,\alpha).$$

从而有 $c^2=1$, 即 B 实对称或反对称的. □

表示中的 G-不变双线性函数是一个有趣的问题, 可以在一般域上考虑, 例如

思考题 8.1.22 上述结论对 G 的不可约实表示是否成立?

8.1.6 Frobenius-Schur 指标

我们也可以直接从 V 的张量的角度来考虑上述问题. 设 (ρ,V) 为 G 的不可约复表示, 其特征标为 χ. 由于

$$\dim\operatorname{Hom}_G(V^*,V)\leqslant 1,$$

故 $\dim(V\otimes V)^G\leqslant 1$. 令 S^2V 和 $\wedge^2V$ 分别表示对称和反对称张量的全体, 则不难得到

问题 8.1.23 S^2V 和 $\wedge^2V$ 都是 $V\otimes V$ 的子表示, 且

$$\chi_{S^2V}(s)=\frac{1}{2}(\chi(s)^2+\chi(s^2)),\quad \chi_{\wedge^2V}(s)=\frac{1}{2}(\chi(s)^2-\chi(s^2)).$$

记 χ_1 为一维平凡表示的特征标. 由于 $\dim(V\otimes V)^G\leqslant 1$, 则有

$$(\chi_{V\otimes V},\chi_1)=0 \text{ 或 } 1.$$

又因为

$$(\chi_{V\otimes V},\chi_1)=(\chi_{S^2V},\chi_1)+(\chi_{\wedge^2V},\chi_1),$$

所以当 $\dim(V\otimes V)^G=1$ 时, (χ_{S^2V},χ_1) 与 $(\chi_{\wedge^2V},\chi_1)$ 这二者中有一个为 1, 另一个为 0. 于是我们可以定义一个既简单又巧妙的不变量为

$$S(\chi)=\frac{1}{|G|}\sum_{s\in G}\chi(s^2)=(\chi_{S^2V}-\chi_{\wedge^2V},\chi_1),$$

称其为 V 的 **Frobenius-Schur 指标**. 这样, 前面的讨论可以总结如下:

命题 8.1.24 设 (ρ,V) 为 G 的不可约复表示, 其特征标为 χ.

(1) 实型: $S(\chi)=1$ 当且仅当 V 上存在非退化 G-不变对称双线性函数. 此时 V 有实形式 V_0, 且 $\operatorname{Hom}_G(V_0,V_0)\cong\mathbb{R}$.

(2) 复型: $S(\chi)=0$ 当且仅当 V 上不存在非退化 G-不变双线性函数. 此时 $V_{\mathbb{R}}$ 是不可约实表示, 且 $\operatorname{Hom}_G(V_{\mathbb{R}},V_{\mathbb{R}})\cong\mathbb{C}$.

(3) 四元数型: $S(\chi)=-1$ 当且仅当 V 上存在非退化 G-不变反对称双线性函数. 此时 $V_{\mathbb{R}}$ 是不可约实表示, 且 $\mathrm{Hom}_G(V_{\mathbb{R}},V_{\mathbb{R}})\cong\mathbb{H}$.

至此, 我们终于用一个非常简单的指标——Frobenius-Schur 指标给出了不可约复表示是否有实特征标, 进一步是否有实形式的判别法则. 这个过程是值得玩味的.

8.2 分 裂 域

实表示的研究为我们提供了很好的经验, 稍加推广就可以研究一般数域 $\mathbb{F}$ 上的表示. 设 (ρ,V) 为 G 的 n 维不可约复表示, 则 V 可以自然地看成 $\mathbb{F}$ 上的线性空间, 记为 $V_{\mathbb{F}}$. 于是, 对任意 $s\in G$, $\rho(s)$ 可以看成 $V_{\mathbb{F}}$ 上的线性变换, 记为 $\rho_{\mathbb{F}}(s)$. 从而得到 G 的 $\mathbb{F}$-表示 $(\rho_{\mathbb{F}},V_{\mathbb{F}})$. 按照实表示的研究思路, 我们自然要问 $(\rho_{\mathbb{F}},V_{\mathbb{F}})$ 是否不可约? 如果可约, 如何分解?

然而, 我们考虑的大多数情形都有 $[\mathbb{C}:\mathbb{F}]=\infty$ (例如 $\mathbb{F}=\mathbb{Q}$ 或 $\mathbb{Q}$ 的代数扩张), 从而 $V_{\mathbb{F}}$ 作为 $\mathbb{F}$-线性空间是无穷维的, 自然是可约的, 因为 G 的不可约表示都是有限维的. 受实形式的启发, 如果能选择一组合适的基 $\alpha_1,\alpha_2,\cdots,\alpha_n$ 使得 $\rho(s)$ $(g\in G)$ 在该组基下的矩阵都属于 $\mathrm{GL}(n,\mathbb{F})$, 则可以考虑 V 的 $\mathbb{F}$-线性子空间

$$V_0=\{a_1\alpha_1+a_2\alpha_2+\cdots+a_n\alpha_n|a_i\in\mathbb{F}\},$$

从而自然得到 G 的 $\mathbb{F}$-表示

$$\rho_0:G\to\mathrm{GL}(V_0),$$

于是, (ρ_0,V_0) 是 G 的不可约 $\mathbb{F}$-表示, 称为 (ρ,V) 的 **$\mathbb{F}$-形式**. 问题是对于怎样的 $\mathbb{F}$, (ρ,V) 才能有 $\mathbb{F}$-形式呢? 或者反之, 对于 G 的不可约 $\mathbb{F}$-表示 (ρ_0,V_0), 令 $V=V_0\otimes_{\mathbb{F}}\mathbb{C}$, 则复表示 (ρ,V) 何时不可约呢?

参考实表示情形, 起到关键作用的是缠结算子, 于是我们先把命题 8.1.12 进行推广.

命题 8.2.1 设 $\mathbb{F}$ 为 $\mathbb{E}$ 的子域, (ρ_0,V_0) 为 G 的 $\mathbb{F}$-表示. 令 $V^{\mathbb{E}}=V_0\otimes_{\mathbb{F}}\mathbb{E}$, 则自然可以定义 G 的表示 $(\rho^{\mathbb{E}},V^{\mathbb{E}})$, 且

$$\mathrm{Hom}_G(V^{\mathbb{E}},V^{\mathbb{E}})\cong\mathrm{Hom}_G(V_0,V_0)\otimes_{\mathbb{F}}\mathbb{E}.$$

从而有

$$\dim_{\mathbb{E}}\mathrm{Hom}_G(V^{\mathbb{E}},V^{\mathbb{E}})=\dim_{\mathbb{F}}\mathrm{Hom}_G(V_0,V_0).$$

证 我们仍然从矩阵角度看. 设 $e_1, e_2, \cdots, e_n$ 为 V_0 和 $V^{\mathbb{E}}$ 的一组基, 对任意 $s \in G$, $\rho_0(s)$ 和 $\rho(s)$ 在该组基下的矩阵是一样的, 设为 $A_s \in \mathbb{F}^{n\times n}$. 设缠结算子在该组基下的矩阵为 T, 则 T 是齐次线性方程组

$$A_s T = T A_s, \quad s \in G$$

的解. 由于系数矩阵的秩与数域无关, 因此上述方程组在 $\mathbb{F}$ 和 $\mathbb{E}$ 上的解空间的维数是一样的. 从方程组的求解过程不难看出, 存在一个与数域无关的基础解系. □

上述方法在高等代数中接触过, 用同样的方法可以证明: $A, B \in \mathbb{F}^{n\times n}$ 是 $\mathbb{F}$-相似的当且仅当 A, B 是复相似的.

如果 $\mathrm{Hom}_G(V_0, V_0) \ncong \mathbb{F}$, 则其中有缠结算子 T 不是数乘变换. 设 λ_0 是 T 的复特征值, 令 $\mathbb{E} = \mathbb{F}(\lambda_0)$, 此时 T 也可以看成 V_0 上的线性变换, 从而 (ρ, V) 有不可逆的非零缠结算子 $T - \lambda_0 \mathrm{id}$. 于是我们有

问题 8.2.2 设 (ρ_0, V_0) 是 G 的 n 维不可约 $\mathbb{F}$-表示, 则下列条件等价:

(1) $\mathrm{Hom}_G(V_0, V_0) \cong \mathbb{F}$;

(2) 对于 $\mathbb{F}$ 的任何扩域 $\mathbb{E}$, $(\rho^{\mathbb{E}}, V^{\mathbb{E}})$ 是不可约的;

(3) 对于 $\mathbb{F}$ 的任何有限扩张 $\mathbb{E}$, $(\rho^{\mathbb{E}}, V^{\mathbb{E}})$ 是不可约的;

(4) 对于 $\mathbb{F}$ 的代数闭包 $\overline{\mathbb{F}}$, $(\rho^{\overline{\mathbb{F}}}, V^{\overline{\mathbb{F}}})$ 是不可约的;

(5) $\rho(\mathbb{F}G) = \mathbb{F}^{n\times n}$.

满足上述等价条件的表示称为**绝对不可约表示**.

证 前四个条件的等价性易证.

$(5) \Rightarrow (1)$ 由 $\mathbb{F}^{n\times n}$ 的中心是数量矩阵的全体可知.

$(1) \Rightarrow (5)$ 可以由双重中心化子定理 5.5.3 得到. □

称满足上述等价条件的 $\mathbb{F}$-表示 (ρ_0, V_0) 为**绝对不可约**的. 如果 G 的所有不可约 $\mathbb{F}$-表示都是绝对不可约的, 则称 $\mathbb{F}$ 为 G 的**分裂域**. 需要注意的是, 这个分裂域与多项式的分裂域不是一回事. 特别地, 如果 $\mathbb{F}$ 是代数封闭的, 即 $\mathbb{F} = \overline{\mathbb{F}}$, 则任何不可约 $\mathbb{F}$-表示都是绝对不可约的. 例如, $\mathbb{Q}$ 的代数闭包 $\overline{\mathbb{Q}}$ 是任何有限群的分裂域. 更明确地, 我们有:

命题 8.2.3 有限群 G 的不可约复表示的全体与不可约 $\overline{\mathbb{Q}}$-表示的全体存在一一对应. 具体而言, 每一个不可约 $\overline{\mathbb{Q}}$-表示的复化是不可约复表示; 反之, 每一个 n 维不可约复表示 (ρ, V) 都有 $\overline{\mathbb{Q}}$-形式, 即存在 V 的一组基使得 $\rho(s)$ $(s \in G)$ 的矩阵都属于 $\mathrm{GL}(n, \overline{\mathbb{Q}})$.

不过, $\overline{\mathbb{Q}}$ 并不是 G 的最小分裂域. 对 G 的 n 维不可约 $\overline{\mathbb{Q}}$-表示 (ρ, V), 在 V 的任何一组基下, $\rho(s)$ 的矩阵为 $(\rho_{ij}(s)) \in \overline{\mathbb{Q}}^{n\times n}$. 记 G 的所有不可约 $\overline{\mathbb{Q}}$-表示的全体为 $\widehat{G}_{\overline{\mathbb{Q}}}$. 考虑

$$X = \{\rho_{ij}(s) | s \in G, \rho \in \widehat{G}_{\overline{\mathbb{Q}}}\}.$$

自然 X 是一个有限集, 且其中的数都是代数数. 于是有

命题 8.2.4 令 $\mathbb{F} = \mathbb{Q}(X)$ 是由 X 生成的最小数域, 则 $\mathbb{F}$ 是 $\mathbb{Q}$ 的有限扩张, 且 $\mathbb{F}$ 是 G 的分裂域.

称 $\mathbb{F}$ 为 G 的**极小分裂域**, 如果 $\mathbb{F}$ 的任何子域都不是 G 的分裂域. 特征零的情形, 我们只需在 $\overline{\mathbb{Q}}$ 内讨论, 此时的极小分裂域都是 $\mathbb{Q}$ 的有限扩张. 设 $\chi = \{\chi_i(C_j) | i, j = 1, 2, \cdots, h\}$, 其中 χ_i 为 G 的所有不可约复特征标, C_j 为所有共轭类, 于是任何极小分裂域都包含 χ 所生成的域 $\mathbb{Q}(\chi)$. 不过一般来说, $\mathbb{Q}(\chi)$ 不是极小分裂域. 甚至, 极小分裂域也不一定是唯一的.

例 8.2.5 四元数群 Q_8 有四个一维复表示和一个自然的二维不可约复表示, 其二维不可约复表示的 Frobenius-Schur 指标为 -1, 故此表示不能实现在实数域的子域上, 有理数域自然不是其分裂域. 由四元数的二阶矩阵实现可以看出 $\mathbb{Q}(\sqrt{-1})$ 是 Q_8 的分裂域, 且是一个极小分裂域. 进一步, 如果 Q_8 在数域 $\mathbb{F}$ 上有二维不可约表示, 则 $\rho(\boldsymbol{j})$ 总是与 $\begin{pmatrix} 0 & 1 \\ -1 & 0 \end{pmatrix}$ 相似 (为什么?), 因此不妨设 $\rho(\boldsymbol{j}) = \begin{pmatrix} 0 & 1 \\ -1 & 0 \end{pmatrix}$. 由于 $\rho(\boldsymbol{i})\rho(\boldsymbol{j}) = -\rho(\boldsymbol{j})\rho(\boldsymbol{i})$, 则 $\rho(\boldsymbol{i}) = \begin{pmatrix} a & b \\ b & a \end{pmatrix}$, 其中 $a, b \in \mathbb{F}$ 满足 $a^2 + b^2 = -1$. 于是

$$\rho(\boldsymbol{k}) = \rho(\boldsymbol{i})\rho(\boldsymbol{j}) = \begin{pmatrix} -b & a \\ a & b \end{pmatrix}.$$

这样就能得到很多二次域都是 Q_8 的分裂域, 只需存在 a, b 使得 $a^2 + b^2 = -1$, 例如 $\mathbb{F} = \mathbb{Q}(\sqrt{-1 - t^2})$ 或 $\mathbb{Q}(\sqrt{-t^2/2 - 1})$, 其中 t 为任何有理数. 对于后者, a, b 取什么值?

8.3 有理群与有理表示群

我们知道, 特征标的取值都是代数整数. 特别地, 有很多群, 如 Q_8, D_8, S_3, S_4 等, 它们的特征标的取值都是整数. 这样的群称为**有理群**, 有如下的判别法则.

定理 8.3.1 设 $|G| = n$, 则 G 是有理群当且仅当对任意 $g \in G$, $(m, n) = 1$, g 与 g^m 共轭.

证 对任意 k 维不可约复表示 (ρ, V), $\rho(g)$ 的所有特征值为 $z_1, z_2, \cdots, z_k$, $\rho(g^m)$ 的特征值为 $z_1^m, z_2^m, \cdots, z_k^m$, 从而 $\chi(g) = \sum\limits_{i=1}^{k} z_k$, $\chi(g^m) = \sum\limits_{i=1}^{k} z_i^m$. 设 ξ 为 n 次本原单位根, $\mathbb{Q}(\xi)/\mathbb{Q}$ 为 Galois 扩张. 由于 $(m, n) = 1$, 故存在 $\sigma \in \mathrm{Gal}(\mathbb{Q}(\xi)/\mathbb{Q})$ 使得 $\sigma(\xi) = \xi^m$, 从而 $\sigma(z_i) = z_i^m$, $i = 1, 2, \cdots, k$. 于是 $\sigma(\chi(g)) = \chi(g^m)$. 由于 G 是有理群, 则有 $\chi(g) = \chi(g^m)$. 对于任何不可约复特征标取值都相等的元素自然在同一个共轭类中.

反之, 设 $\mathbb{E}$ 是 G 的分裂域且 $[\mathbb{E} : \mathbb{Q}] < \infty$. 我们可以选择 $\mathbb{E}/\mathbb{Q}$ 为 Galois 扩张且 $\xi \in \mathbb{E}$ (实际上取 $\mathbb{E} = \mathbb{Q}(\xi)$ 即可). 对任意 $\sigma \in \mathrm{Gal}(\mathbb{E}/\mathbb{Q})$ 有 $\sigma(\xi) = \xi^m$, 其中 $(m, n) = 1$. 于是对任意不可约复特征表 χ 有 $\sigma(\chi(g)) = \chi(g^m) = \chi(g)$, 其原因是 g 与 g^m 共轭. 由于 $\chi(g)$ 在任何 Galois 群元素作用下都不变, 故 $\chi(g) \in \mathbb{Q}$. □

不过有理群的不可约表示未必能实现在有理数上, 例如 Q_8. 称一个有限群为**有理表示群**或强有理群, 如果有理数域是其分裂域. 我们有更强的结论.

命题 8.3.2 设 (ρ, V) 为 G 的不可约有理表示, 则存在 V 的一组基使得 $\rho(s)$ 的矩阵都是整数矩阵.

证 任取 V 的一组生成元 $\alpha_1, \alpha_2, \cdots, \alpha_m$, 令

$$X = \{\rho(s)\alpha_i | s \in G, i = 1, 2, \cdots, m\},$$

则 X 是 G-不变的有限集. 于是

$$M = \left\{ \sum_i a_i v_i \middle| v_i \in X, a_i \in \mathbb{Z} \right\}$$

是一个有限生成的自由 $\mathbb{Z}$-模, 自然存在 M 的一组基 $\beta_1, \beta_2, \cdots, \beta_n$, 它们在整数环上是线性无关的. 我们下面来证明它们是 V 的一组基.

设 $k_1, k_2, \cdots, k_n \in \mathbb{Q}$ 使得

$$\sum_{i=1}^{n} k_i \beta_i = 0,$$

则存在正整数 l 使得 lk_i 都是整数, 从而有

$$\sum_{i=1}^{n} (lk_i)\beta_i = 0.$$

于是 $lk_i = 0$, 从而有 $k_i = 0$, 即 $\beta_1, \beta_2, \cdots, \beta_n$ 是线性无关的, 故为 V 的一组基.

对任意 $s \in G$, $\rho(s)\beta_i \in M$, 自然都是 $\beta_1, \beta_2, \cdots, \beta_n$ 的整系数线性组合, 从而 $\rho(s)$ 在该组基下的矩阵为整数矩阵. □

回顾一下, 利用 Young 表求 S_n 的群代数的本原幂等元的过程是可以在任意特征不整除 $|G|$ 的域上做的. 如果我们考虑 $\mathbb{Q}S_n$ 的分解, 实际上能得到一样的结果, 即我们有

命题 8.3.3　*S_n 是有理表示群, 自然其特征标表的所有取值都是整数.*

对于一般有理群和有理表示群的研究, 可以参见文献 [17].

参考文献

[1] 曹锡华, 时俭益. 有限群表示论. 2 版. 北京: 高等教育出版社, 2009.

[2] 邓少强, 朱富海. 抽象代数. 北京: 科学出版社, 2017.

[3] 孟道骥, 朱萍. 有限群表示论. 北京: 科学出版社, 2006.

[4] 丘维声. 有限群和紧群的表示论. 北京: 北京大学出版社, 1997.

[5] 许以超. 线性代数与矩阵论. 北京: 高等教育出版社, 1992.

[6] 朱富海, 陈智奇. 高等代数与解析几何. 北京: 科学出版社, 2018.

[7] Abe E. Hopf Algebras. Cambridge: Cambridge University Press, 1977.

[8] Curtis C. Pioneers of Representation Theory: Frobenius, Burnside, Schur, and Brauer. Providence, RI: American Mathematical Society, 1999.

[9] Curtis C, Reiner I. Representation Theory of Finite Groups and Associative Algebras. New York: John Wiley & Sons, Inc., 1962.

[10] Feit W. Characters of Finite Groups. New York: W. A. Benjamin, Inc., 1967.

[11] Formanek E, Sibley D. The group determinant determines the group. Proc. Amer. Math. Soc., 1991, 112(3): 649-656.

[12] Fulton W, Harris J. Representation Theory, A First Course. New York: Springer-Verlag, 1991.

[13] Goodman R, Wallach N. Symmetry, Representations, and Invariants. Dordrecht: Springer-Verlag, 2009.

[14] Gow R. Groups whose characters are rational-valued. J. Alg., 1976, 40: 280-299.

[15] Halmos P R. What is teaching. Amer. Math. Monthly, 1994, 101(9): 848-854.

[16] James G, Kerber A. The Representation Theory of the Symmetric Group. Reading: Addison-Wesley Publishing Company, Inc., 1981.

[17] Kletzing D. Structure and Representations of Q-groups. Berlin: Springer-Verlag, 1984.

[18] Lam T Y. Representations of finite groups: A hundred years. Part I. Not. Amer. Math. Soc. 1998, 45(3): 361-372.

[19] Lam T Y. Representations of finite groups: A hundred years. Part II. Not. Amer. Math. Soc. 1998, 45(4): 465-474.

[20] Mansfield R. A group determinant determines its group. Proc. Amer. Math. Soc., 1992, 116(4): 939-941.

[21] McKay J. Graphs, singularities, and finite groups//The Santa Cruz Conference on Finite Groups (Univ. California, Santa Cruz, California, 1979). Proc. Sympos. Pure Math. 37. Providence, RI: American Mathematical Society, 1980: 183-186.

[22] Serre J P. Linear Representations of Finite Groups. New York: Springer, 1977.

[23] Spottiswoode W. Elementary theorems relating to determinants. J. Reine Angew. Math., 1856, 51: 209-271, 328-381.

[24] Sweedler M E. Hopf Algebras. New York: W. A. Benjamin, Inc., 1969.

[25] Stillwell J. Mathematics and Its History. 3rd ed. New York: Springer-Verlag, 2010.

[26] van der Waerden B L. A History of Algebra. Berlin: Springer-Verlag, 1985.

索引

其他

记号索引